国家电网公司
电力科技著作出版项目

新型电力系统
省级电网安全风险防范理论与实践

主编　张薛鸿

中国电力出版社
CHINA ELECTRIC POWER PRESS

内 容 提 要

新型电力系统的"双高"特性日趋显著，为电网的安全稳定运行带来诸多挑战，本书深入剖析电力保供、电力系统运行控制以及宽频振荡等问题的"症结"所在，有针对性地提出解决思路及未来发展方向指引，并结合省级电网的实际运行成果，对本书所提风险防范技术加以印证和讲解，旨在提高专业技术人员防范和应对新型电力系统风险的能力。

本书可供电力公司从事电网运行、规划、设计、建设等专业的技术人员参考学习。

图书在版编目（CIP）数据

新型电力系统省级电网安全风险防范理论与实践 /
张薛鸿主编. -- 北京 ：中国电力出版社, 2025. 4.
ISBN 978-7-5198-9414-6

Ⅰ. TM7

中国国家版本馆 CIP 数据核字第 2024L1P532 号

出版发行：中国电力出版社
地　　址：北京市东城区北京站西街 19 号（邮政编码 100005）
网　　址：http://www.cepp.sgcc.com.cn
责任编辑：王春娟　张冉昕（010-63412364）
责任校对：黄　蓓　朱丽芳
装帧设计：张俊霞
责任印制：石　雷

印　　刷：北京顶佳世纪印刷有限公司
版　　次：2025 年 4 月第一版
印　　次：2025 年 4 月北京第一次印刷
开　　本：710 毫米×1000 毫米　16 开本
印　　张：13.75
字　　数：247 千字
印　　数：0001—1500 册
定　　价：85.00 元

《新型电力系统省级电网安全风险防范理论与实践》

编 委 会

党的二十大提出"加快规划建设新型能源体系"。党中央多次强调指出，要加快构建新型电力系统，大力推动我国新能源高质量发展，提高电网对清洁能源的接纳、配置和调控能力。同时，面对我国清洁能源大开发，特别是西北区域基地化开发的重要机遇，以化石能源为主的旧电力系统转变为以新能源为主体的新型电力系统，成为当前及长远期发展的必然趋势。

新型能源体系和新型电力系统的发展演化呈现时间跨度长且不确定性强的特征，高质量统筹能源电力安全保供和清洁低碳转型，是一项复杂的系统性工程。能源转型加速演变推进，新能源高比例接入电网，受气候变化、极端灾害等因素影响，电源侧出力波动大、随机性强、季节影响突出等问题凸显，电力系统各主体之间新旧角色转换与利益关系调整问题相互叠加，对电能质量与电网安全运行产生了深远影响，统筹发展与安全的难度持续加大。特别是，面对当前"电力保供难""新能源消纳难"等问题，积极探索安全稳定控制策略及安全风险防范关键技术，精准确定复杂电网安全边界，成为现代电网适应自身能源结构与电网运行特性变化的主动选择，更是落实国家能源安全战略的实践方式。

本书主要通过研究电网安全防御新型控制策略，着力改变原有离线决策模式，将风险评估环节前置，开展电能质量仿真评估、振荡评估等接入前的技术评估，将电动汽车、储能技术、柔性负荷等单元通过可再生能源间的优势互补，改进多类新型调节资源的控制技术，使其能够对电网实现主动支撑。同时，探索如何解决失步振荡、频率异常、电压异常等扰动冲击，防止大面积切机、切负荷和系统解列的发生，通过多类型有功资源协同控制和多道防线协调配合，实现源网荷储多要素协调互动，多形态电网并存，多层次系统共营，多能源系统互联，实现高质量供需动态平衡。

本书通过深入探讨多种电源并网运行特性耦合对电压、频率、功角及调峰等问题的影响，高比例可再生能源与高比例电力电子设备应用接入电网系统导致系统转动惯量降低、调频能力下降、电网备用容量不足等问题，阐述了负荷管理、新型储能技术、源网荷储平衡、新型高弹性电力系统安全风险防范关键技术，提出了一系列的解决方案及发展方向。结合实际案例，介绍了新能源发电功率预测、智能配电网不停电技术、虚拟电厂运营与抽水蓄能建设方面的实践应用，展示了新型电力系统安全风险防范理论在实际中的应用效果，为其他省级电网安全风险防范管理提供了宝贵经验。

我们致力于为政府组织机构政策制定、能源企业发展战略研究、高等院校专业人才培养等新型电力系统发展这一链条提供多角度、多维度支撑，汇聚各方合力。希望本书的研究成果对新型电力系统下面临的安全风险防御与策略提供有效参考，为低碳背景下新型电力系统从源、网、荷、储等多个角度安全防御策略的建立提供实践经验，为电网安全可靠运行提供科学实效支撑，全力服务新型电力系统和新型能源体系建设。

中国工程院院士

邱爱慈

2024 年 12 月

前言
PREFACE

随着能源转型工作的深入推进，我国电力系统中风电、光伏等新能源发电装机容量占比逐年提升，特高压交直流输电技术的应用持续增加，电网逐渐呈现出高比例可再生能源接入与高比例电力电子设备应用的"双高"特性，运行机理发生深刻转变，为电力系统安全、优质、经济运行带来了全新的挑战。

为了更准确辨识"双高"特性下的新型电力系统中各类风险，并施加以有效的防范控制措施，针对新型电网实际运行场景，从电力保供、电网仿真建模、新型电力系统运行控制、宽频振荡风险防御、继电保护、电力网络安全、电力通信等诸多方面问题，深入剖析新型电力系统下电网调度运行各专业所面临新的挑战，并有针对性地提出相应的解决思路及发展方向，中国电机工程学会新型电力系统风险控制与安全评估专业委员会联合国网陕西省电力有限公司、西安交通大学等单位的科研和专业技术人员编写完成了本书。

全书分三篇：第1篇为概述，对新型电力系统安全风险防范的背景与重要性进行介绍，涉及新型电力系统的发展历程与展望，新型电力系统安全风险防范的机遇与挑战等；第2篇为新型电力系统安全风险防范关键技术，围绕源、网、荷、储四个方面展开技术论述；第3篇为省级电网安全风险防范实践，涵盖源、网、荷、储各环节，包括新能源预测、智能配电网不停电、虚拟电厂运营与抽水蓄能等方面的实践。

本书由国网陕西省电力有限公司董事长张薛鸿担任主编。国网陕西省电力有限公司罗建勇、王步云、王峰对本书进行了认真审阅。本书在编写过程中，得到了西安交通大学、武汉大学、武汉理工大学、西安电力高等专科学校、国网陕西省电力有限公司电力调度控制中心、国网安康水电站等相关单位的大力支持和帮助，在此表示诚挚的谢意。

　　本书的出版有助于各级电网运行、规划、设计、建设等专业技术人员更进一步认识新型电力系统运行特性及相关风险，开展电网运行工作的风险辨识与预防控制，提高防范及应对新型电力系统电网风险的能力。由于编者水平所限，书中难免有疏漏和不足之处，敬请读者和专家不吝指正。

编　者

2025 年 1 月

目录
CONTENTS

第1篇
概　述

1 新型电力系统构建意义和特征

能源是人类文明进步的基础和动力。当前,世界百年未有之大变局加速演进,全球能源和工业体系加快演变重构,我国能源低碳转型正处于关键时期。2020年9月22日,习近平总书记在第七十五届联合国大会上宣布,中国将提高国家自主贡献力度,采取更加有力的政策和措施,二氧化碳排放力争于2030年前达到峰值,努力争取2060年前实现碳中和。党的二十大报告强调:"要积极稳妥推进碳达峰碳中和,深入推进能源革命,加快规划建设新型能源体系",这为新时代我国能源电力高质量跃升式发展指明了前进方向,提出了更高要求。

由此可见,在高质量发展作为全面建设社会主义现代化国家首要任务的背景下,实现"双碳"目标、推动能源转型是我国高质量发展和可持续发展的内在需求。新型电力系统是以确保能源电力安全为基本前提,以满足经济社会高质量发展的电力需求为首要目标,以高比例新能源供给消纳体系建设为主线任务,以源网荷储多向协同、灵活互动为有力支撑,以坚强、智能、柔性电网为枢纽平台,以技术创新和体制机制创新为基础保障的新时代电力系统,是新型能源体系的重要组成部分和实现"双碳"目标的关键载体。

1.1 构建新型电力系统的意义

新型电力系统是推进中国式现代化的基础保障。我国是人口大国,能源消费总量规模巨大,能源需求特别是电力需求持续稳定增长,电力安全、稳定、高效供应对人民生活改善和社会长治久安至关重要;我国区域发展不平衡不充分问题仍然突出,能源电力是全面改善社会生产生活方式,为满足人民美好生活需求提供绿色、普惠用能服务最直接的载体;能源是现代物质文明原动力,推进能源治理体系和能力现代化是发展社会主义先进文化、广泛凝聚人民精神力量的应有之义;大自然是人类赖以生存发展的基本条件,绿色发展是人与自然和谐相处的内在要求,电力行业是构建清洁低碳、安全高效能源体系的关键环节;能源行业需要全方位开展对外合作,我国作为全球最大的可再生能源市场和设备制造国,需要积极推动参与应对气候变化全球治理,通过能源合作助力构建人类命运共同体。

新型电力系统是保障国家能源安全的必然选择。国家安全是民族复兴的根基，能源安全是根本性问题，是国家安全体系的重要组成部分。我国能源安全面临严峻挑战，能源自主供给能力相对受限。可再生能源发电是应对化石能源供给短缺、提升我国能源自给水平的必由之路，新型电力系统是从我国能源资源禀赋出发，适应未来能源安全重心向电力系统转移趋势的必然选择。

新型电力系统是推进碳达峰碳中和的支撑平台。能源是国民经济发展的命脉，能源行业是碳排放的主要来源。新型电力系统是适应新能源占比逐渐提高的能源系统，是能源供给绿色化、能源消费低碳化、能源配置高效化的关键支撑平台。

新型电力系统是服务构建新发展格局的重要动力。从国际环境看，低碳经济发展为全球经济结构升级和产业变革指明了全新方向，新型电力系统为把握全球经济全新增长点、推动全球能源产业链重构带来重大机遇。从国内环境看，电力是经济社会发展的基础动力，新型电力系统是我国现代化经济体系转型升级的重要依托。新型电力系统将成为国家低碳经济的核心枢纽，在整个低碳经济中发挥平台和基础服务作用。

新型电力系统是实现能源高质量发展的有机载体。能源高质量发展是我国经济高质量发展的重要内容。在国家发展大局中，"经济－能源－环境"三方关系正在向"新发展格局－新型能源体系－生态文明建设"目标同步演化，新型电力系统将在我国现代化经济体系转型升级中发挥重要作用。

1.2 新型电力系统的特征

新型电力系统具备清洁低碳、安全充裕、经济高效、供需协同、灵活智能五大重要特征。其中清洁低碳是核心目标，安全充裕是基本前提，经济高效是关键要求，供需协同是重要支撑，灵活智能是基础保障，共同构建起新型电力系统的"五位一体"框架体系。新型电力系统的特征如图 1-1 所示。

清洁低碳是构建新型电力系统的核心目标。新型电力系统中，非化石能源发电将逐步转变为装机主体和电量主体，核、水、风、光、储等多种清洁能源协同互补发展，化石能源发电装机及发电量占比下降的同时，在新型低碳零碳负碳技术的引领下，电力系统碳排放总量逐步达到"双

图 1-1 新型电力系统特征

碳"目标要求。新型电力系统中电源构成由以化石能源发电为主导，向大规模可再生能源发电转变。实现"双碳"目标，应推进煤炭消费替代和转型升级，通过非化石能源深度替代化石能源实现能源生产清洁化。各行业先进电气化技术及装备发展水平取得突破，电能替代在工业、交通、建筑等领域得到较为充分的发展。电能逐步成为终端能源消费的主体，助力终端能源消费的低碳化转型。绿电消费激励约束机制逐步完善，绿电、绿证交易规模持续扩大，以市场化方式发现绿色电力的环境价值。

安全充裕是构建新型电力系统的基本前提。新型电力系统中，新能源通过提升可靠支撑能力逐步向系统主体电源转变。煤电仍是电力安全保障的"压舱石"，承担基础保障的"重担"。多时间尺度储能协同运行，支撑电力系统实现动态平衡。"大电源、大电网"与"分布式"兼容并举、多种电网形态并存，共同支撑系统安全稳定和高效运行。适应高比例新能源的电力市场与碳市场、能源市场高度耦合共同促进能源电力体系的高效运转。

经济高效是构建新型电力系统的关键要求。新型电力系统中，通过技术创新与优化管理，实现电力生产与传输过程中的成本降低与效率提升。同时，完善市场机制，建立新的电力市场体系，充分发挥市场在资源配置中的作用，从而减少机制性成本。加强监管，消除垄断及市场力量造成的扭曲现象。政府充分利用财政资金和税收支持政策，确保电力系统转型的成本在社会可承受范围内。

供需协同是构建新型电力系统的重要支撑。新型电力系统中，不同类型机组的灵活发电技术、不同时间尺度与规模的灵活储能技术、柔性交直流等新型输电技术广泛应用，骨干网架柔性灵活程度更高，支撑高比例新能源接入系统和外送消纳。同时，随着分布式电源、多元负荷和储能的广泛应用，大量用户侧主体兼具发电和用电双重属性，终端负荷特性由传统的刚性、纯消费型，向柔性、生产与消费兼具型转变，源网荷储灵活互动和需求侧响应能力不断提升，支撑新型电力系统安全稳定运行。辅助服务市场、现货市场、容量市场等多类型市场持续完善、有效衔接融合，体现灵活调节性资源的市场价值。

灵活智能是构建新型电力系统的必然要求。新型电力系统以数字信息技术为重要驱动，呈现数字、物理和社会系统深度融合特点。为适应新型电力系统海量异构资源的广泛接入、密集交互和统筹调度，"云大物移智链边"等先进数字信息科学技术在电力系统各环节广泛应用，助力电力系统实现高度数字化、智慧化和网络化，支撑源网荷储海量分散对象协同运行和多种市场机制下系统复杂运行状态的精准感知和调节，推动以电力为核心的能源体系实现多种能源的高效转化和利用。

2 新型电力系统安全风险防范技术发展现状与挑战

2.1 新型电力系统的发展路径

构建新型电力系统是一项复杂而艰巨的系统工程，不同发展阶段特征差异明显，需统筹谋划路径布局，科学部署、有序推进。国家能源局发布的《新型电力系统发展蓝皮书》按照党中央提出的新时代"两步走"战略安排要求，基于我国资源禀赋和区域特点，以 2030 年、2045 年、2060 年为新型电力系统构建战略目标的重要时间节点，制定新型电力系统"三步走"发展路径。

1. 加速转型期（当前至 2030 年）

我国进入全面建设社会主义现代化国家的新发展阶段，经济社会步入高质量发展模式，产业结构逐步优化升级。立足我国能源资源禀赋，坚持先立后破，有计划分步骤实施碳达峰行动。期间，推动各产业用能形式向低碳化发展，非化石能源消费比重达到 25%。新能源开发实现集中式与分布式并举，引导产业由东部向中西部转移。新型电力系统发展以支撑实现碳达峰为主要目标，加速推进清洁低碳化转型。

电力消费新模式不断涌现，终端用能领域电气化水平逐步提升。碳达峰战略目标推动非化石能源发电快速发展，新能源逐步成为发电量增量主体。煤电作为电力安全保障的"压舱石"，向基础保障性和系统调节性电源并重转型。电网格局进一步优化巩固，电力资源配置能力进一步提升。储能多应用场景多技术路线规模化发展，重点满足系统日内平衡调节需求。数字化、智能化技术助力源网荷储智慧融合发展，"云大物移智链"等数字化技术，以及工业互联网、数字孪生、边缘计算等智能化技术在电力系统源网荷储各侧逐步融合应用，推动传统电力发输配用向全面感知、双向互动、智能高效转变。全国统一电力市场体系基本形成，保障电力系统经济安全稳定运行。

2. 总体形成期（2030 年至 2045 年）

根据党中央提出的新时代"两步走"战略安排要求，21 世纪中叶，我国将建成社会主义现代化强国，经济社会发展将进入相对高级的发展阶段，广泛形成绿色生产生活方式，碳排放由峰值水平稳中有序降低，用能需求增速放缓，综合考虑用能结构转型调整，用电需求在 2045 年前后达到饱和。期间，随着水电、新能源等大型清洁能源基地完成开发，跨省跨区电力流规模进入峰值平台期。新能源发展重点转向增强安全可靠替代能力和积极推进就地就近消纳利用，助推全社会各领域的清洁能源替代。碳中和战略目标推动电力系统清洁低碳化转型提速，新型电力系统总体形成。

用户侧低碳化、电气化、灵活化、智能化变革方兴未艾，全社会各领域电能替代广泛普及。各领域各行业先进电气化技术及装备水平进一步提升，工业领域电能替代深入推进，交通领域新能源、氢燃料电池汽车替代传统能源汽车。电力需求响应市场环境逐步完善，虚拟电厂、电动汽车、可中断负荷等用户侧优质调节资源参与电力需求响应市场化交易，用户侧调节能力大幅提升。电能在终端能源消费中逐渐成为主体，助力能源消费低碳转型。电源低碳、减碳化发展，新能源逐渐成为装机主体电源，煤电清洁低碳转型步伐加快。电网稳步向柔性化、智能化、数字化方向转型，大电网、分布式智能电网等多种新型电网技术形态融合发展。规模化长时储能技术取得重大突破，满足日以上平衡调节需求。

3. 巩固完善期（2045 年至 2060 年）

新型电力系统进入成熟期，具有全新形态的电力系统全面建成。实现全社会绿色转型和智慧升级是本阶段新型电力系统的核心功能定位，高开放性是新型电力系统持续演化、释放更多战略价值潜力的关键驱动力。随着支持新型电力系统构建的重大关键技术取得创新突破，以新能源为电量供给主体的电力资源与其他二次能源融合利用，助力新型能源体系持续成熟完善。

电力生产和消费关系深刻变革，电氢替代助力全社会碳中和。交通、化工领域绿电制氢、绿电制甲烷、绿电制氨等新技术、新业态、新模式大范围推广。既消费电能又生产电能的电力用户"产消者"蓬勃涌现，成为电力系统重要的平衡调节参与力量。电力在能源系统中的核心纽带作用充分发挥，通过电转氢、电制燃料等方式与氢能等二次能源融合利用，助力构建多种能源与电能互联互通的能源体系。在冶金、化工、重型运输等领域，氢能作为反应物质和原材料等，成为清洁电力的重要补充，与电能一起，共同构建以电氢协同为主的终端用能形态，助力全社会实现深度脱碳。新能源逐步成为发电量结构主体电源，电能与氢能等二次能源深度融合利用。新型输电组网技术创新突破，电力与其他能源输送深度耦合协同。储电、储热、储气、储氢等覆盖全周期的多类型储能协同运行,能源系统运行灵活性大幅提升。

2.2 新型电力系统安全风险防范的机遇与挑战

2.2.1 电力供应保障挑战

1. 电力保供现状

电网连接能源生产和消费,在能源清洁低碳转型中发挥着引领作用,在遵循电力系统客观运行规律的前提下,如何充分发挥我国体制机制优势,积极推动技术革新,深层次、全方位保障电力安全供应是新型电力系统建设所面临的重要挑战之一。

近年来在能源清洁低碳转型目标下,我国新能源装机持续保持快速增长。随着风光新能源占比不断提高,新型电力系统电源侧出力大波动、强随机特点日益显著,其"大装机、小出力"的特点意味着新能源发电难以可靠发挥顶峰作用,同时常规水火调节性电源占比持续走低,给电力系统保供带来巨大的挑战。在负荷侧,"电气化"趋势推动着整体电力需求量持续增长,叠加用电负荷趋于复杂化、多样化的影响,负荷侧同样呈现出很强的不确定性。近年来极端天气频发则进一步放大了源荷两侧不确定性以及电网设备运行风险,对能源电力安全保供提出了更高的要求。

近年来,我国能源保供形势不容乐观。2021 年下半年,受电煤供应短缺、煤电机组出力不足等因素影响,我国部分地区电力供应紧张、被迫采取有序用电措施。2022 年迎峰度夏期间,受持续极端高温天气影响,陕西全省用电负荷十创历史新高、日用电量九创历史新高,同时汉江流域来水偏枯导致水电发电能力不足,全省电力电量平衡高度依赖跨省区互济和新能源发电水平,迎峰度夏能源电力保供面临巨大困难。同期,四川遭遇了从 1961 年有完整气象观测记录以来最强极端高温干旱天气,各江河流域来水较往年同期偏枯五成以上,水电供给极度不足,同时高温天气致使降温负荷持续累积,进入 8 月之后电力供应从高峰时电力"紧缺"升级为全天电力电量"双缺",电力供需严重失衡。

从世界范围来看,近年来全球各地也出现了不同程度的保供危机。2020 年 8 月,美国加利福尼亚州经历严重高温天气,导致负荷急剧上升,风电、水电出力下降,最终发生大规模电力轮停事故。2021 年 2 月,美国得克萨斯州遭遇极寒天气,低温导致采暖负荷急剧上升,风机因叶片结冰停运,天然气因井口冻结等产量降低,影响燃气轮机运行,被迫多次进行切负荷操作维持系统稳定。

此类事故均反映出：极端天气事件频发会进一步放大高比例新能源发电的"弱支撑"特性，使得新型电力系统保供压力突出。

陕西作为能源大省，在中国能源转型过程中将发挥重要作用。2022 年 8 月，陕西省委省政府印发《关于完整准确全面贯彻新发展理念做好碳达峰碳中和工作的实施意见》，该文件明确指出要强化能源消费强度和总量双控，严格控制化石能源消费、大力发展非化石能源。随着陕西经济社会的持续发展和新能源装机占比的不断提升，新能源顶峰能力不足所引发的"电力保供难""新能源消纳难"的两难问题将会日益凸显。在此背景下，亟须加快制定并推行符合新型电力系统建设过渡期电力保供需要的调度运行举措，这既是适应陕西能源结构和电网特性形势变化的主动选择、更是落实国家"四个革命、一个合作"能源安全新战略的实践方式。

2. 新型电力系统电力保供面临问题

在规划层面，随着新能源占比的逐渐提高，以源/荷不确定性为主的电力系统中各类随机因素影响也愈发明显，极端事件中多重不确定性因素的叠加与关联作用也愈发不可忽视。在当前新型电力系统起步建设阶段，围绕电力保供所开展的源网储规划将面临"小概率、大后果"极端偶发事件所带来的经济性与可靠性难以权衡的问题。

在运行层面，传统电力系统一般以水火机组作为灵活性调节主体进行电力电量平衡，调节能力与运行不确定性存在较为稳定的匹配关系，电力供需易于平衡。而新型电力系统下则将迎来风电出力、光伏出力、负荷出力、煤炭供应、灵活性资源响应意愿等多重随机因素的耦合聚集与叠加，灵活性资源的供给与需求在新能源高占比场景下均存在较强的不确定性，同时源荷两侧不同类型的调节性资源也都存在差异化的响应特性与调节能力，如何利用多时间尺度灵活性资源来应对源荷两侧叠加放大的不确定性将是新型电力系统可靠运行所需解决的重要问题。

在市场机制层面，目前表征电力资源稀缺性的市场交易机制缺乏，电力容量市场、稀缺定价等机制尚未落地，电能资源在供电紧张时的稀缺性未能体现，现行市场难以有效引导各主体积极调整发用电行为，合理配置资源的作用并未得到充分体现；同时，面向电力保供的辅助服务市场仍不完善，现行辅助服务市场大多针对新能源消纳调峰开展，围绕电力保供的辅助服务交易品种、定价模式、主体范围、传导机制等方面均有待进一步明确；此外，需求响应市场机制与落地可行性不足，响应资源稀缺性随季节、日内用电峰谷特点等的变化并未体现，差异化补偿机制的缺失以及过高的需求响应启动门槛导致高质量的响应资源难以充分释放参与意愿、提供需求响应能力，限制了需求响应支撑系统保供的能力。

3. 新型电力系统电力保供存在风险

（1）特性认知欠缺风险。随着新能源装机占比的快速提升和特高压跨区直流的稳步建设，陕西电网运行"双高""双峰""双随机"特征愈加明显，传统的功角、频率、电压稳定问题更加复杂，电力保供平衡和新能源消纳的矛盾将更加突出。从源荷匹配的角度来看，面向电力保供的系统上下调节需求主要取决于用电负荷特性与新能源发电特性两方面因素，如何准确把握风-光-荷在多时间尺度、多空间分布上的运行特性是开展保供平衡工作的重要基础；从电网安全的角度来看，新型电力系统下源荷两端较强的不确定性也会致使电网运行方式复杂多变，叠加极端天气影响导致可能发生的故障组合及调控失配风险显著增加，电力系统故障防御更加困难，亟须挖掘风-光-荷"新能源长期低出力或高出力""新能源波动性高""负荷激增或骤降"的本质特征，提升电网运行极端场景认知能力。

（2）规划运行失配风险。根据陕西电网"十四五"规划中期评估初步结论，"十四五"陕西电网负荷、电量实际增长将达到 4650 万 kW、2725 亿 kWh。在"关中控煤"背景下，现有陕北 750kV Ⅰ、Ⅱ通道输电能力将难以长期支撑北电南送电力流，同时叠加"双碳"目标下新能源大规模开发利用，陕西电网电力保供配套系统建设任重道远。在电源侧，保障性煤电规划建设不足，"十四五"期间全省新增支撑性煤电仅 670 万 kW，而预计负荷增长却高达 865 万 kW，支撑性煤电增长滞后于负荷增长，"十五五"规划国家尚未明确给陕西新增支撑性煤电，考虑陕西经济社会发展增速，未来十年可能长期存在硬性供应缺口。从电网侧看，新能源大规模并网、主要城市负荷快速增长均急需通过网架补强来应对，陕西省委省政府对陕西公司发展大力支持，国家电网公司政策支持、资源倾斜力度前所未有，"十四五"陕西电网规划投资超 1200 亿元，2022 年建设规模较 2021 年翻一番，达到历史最大值，生产建设任务繁重，提高电网规划落地率任务艰巨。从设备侧看，陕西公司输变电设备智慧化、智能化水平有待提升，大量一二次老旧设备急需改造，配电网网架亟待补强。

4. 新型电力系统电力保供应对措施

（1）聚焦发用供需特性辨识，持续深化低碳调度认知。

1）深化中长期供需时序特性分析。从中长期电力电量平衡需要出发，针对陕西电网电力供需整体富余、夏冬两季负荷尖峰显著的特点，借助电网运行历史数据深入分析负荷持续增长对峰谷波动特性的影响、新能源迅猛发展对供需平衡特性的影响。逐年逐季节分析陕西电网日净负荷（全网用电负荷—新能源发电）曲线形态，研判不同季节常规水火电源所面临的电力供应时序特性，总结新能源装机占比持续增大对陕西电网供需形势的时序影响。依据陕西电网分时供需形势和边际供电成本差异，应用密度聚类数据挖掘理论，研究制定大规模新能源并网下电网供需峰谷时段划分原则及标准作业方法。

2）强化晚峰新能源发电特性辨识。从日前电力电量平衡需要出发，针对晚峰时段新能源发电随机波动性、难以预测性对电力保供的不利影响，从深化晚峰新能源发电特性认知入手，充分利用海量新能源发电历史运行数据作为核心生产要素，逐月逐日分析晚峰新能源发电出力区间分布、日前新能源预测偏差区间分布特征，开展日前新能源预测偏差与新能源发电出力水平间的灵敏度分析，构建新能源发电日前预测精度的数学评估模型，研究制定基于新能源预测出力置信区间的新能源发电纳入晚峰电网运行备用管理办法，建立兼顾电力安全供应和新能源足额消纳的概率化电网运行备用预留机制，有效挖掘并体现晚峰新能源发电的支撑容量价值，提升新能源发电与电力电量平衡间的友好性。

（2）聚焦系统保供能力挖潜，有效拓宽源荷互动手段。

1）加强主力火电顶峰能力治理，提升火电支撑作用。针对陕西大负荷保供期统调火电机组发电受限问题，梳理统计各类型火电机组顶峰能力不足主要成因。分类型、分区域选取火电企业代表开展机组顶峰能力治理试点工作，厘清提升火电机组顶峰能力的可行技术路线，推动各试点单位制定具体治理提升工作方案并定期跟进工作进度，做好顶峰能力治理试点经验的推广推行；同时，正向引导火电企业提升顶峰发电能力，开展省间交易费用分配实施规则的调整修编工作并向政府监管部门报备，重点将上网电价高、具有奖励性质的省间交易费用向受阻率低、顶峰能力强的火电机组倾斜，通过价格信号激励高受阻火电企业主动作为，深化提升机组发电运行性能、切实发挥电力保供顶峰作用。

2）挖掘负荷侧快速响应能力，推动"荷随网动"实践。针对陕西电网调节供应与调节需求此消彼长、网内快速响应调节资源稀缺的现状，通过梳理全省市场化用户负荷曲线、典型生产行为及其用电可转移性和可削减性，综合考虑各地区负荷结构构成，选取可调节大工业用户集中地区，开展负荷侧可中断快速响应能力挖掘试点工作。通过与可中断用户多次多方座谈，反复确认摸排各用户备案负荷、实际生产负荷、可控负荷以及可中断时长，确保可中断管理落地实施不会对用户安全生产造成不利影响，同时就大负荷期电网保供实际形势向用户进行普及告知，全力争取用户理解与支持。

（3）聚焦多级调度纵向协同，高效发挥保供机制作用。

1）强化省地县发电能力协同管理。充分挖掘地区电源参与电力保供、新能源消纳潜力，研究制定强化"一个统筹"、落实"两个规范"、共建"四个立足"省地协同发电调度管理机制，目标实现对地区发电能力协同管理效能的"深化深挖，做细做透"。通过坚持整体统筹，细化地县调电源管理工作的专业考评，基于"按需拆解、依效量化"原则制定综合考核评价体系，从保供管理、调峰管理、信息管理三大方面执行定期统计与不定期核查相结合的专业考评手段。通过规范地区电源并网投运和退役停运的手续流程、规范地区电源基础信息和生产信息的报送流转，梳理地区电源管理相关业务领域的合规风险并制定防范措施。共建"四个立足"：一是立足机组可调管理，实施"日上报、周分析"工作机制，重点就机组出力受阻情况畅通信息报送渠道、推动省地政企协同，提高对地区电源可调能力的管控水平；二是立足机组检修管理，推行"计划联动、严控非停"原则，依据全网电力供需形势协同制定机组停电检修计划、优化窗口时序，并加强机组非计划停运考核和抢修工期管控，配合政府主管部门做好非停机组的并网督导；三是立足机组方式管理，按照"月度平衡、周内调整"形式实现省地调管机组开停机组合方式的联合优化，提升对全网机组发电能力的趋势性预判水平；四是立足发电计划管理，明确地县调参与发电计划统筹分解的业务职责，落实地区电源执行发电计划的严格考核，推动"两个细则"（发电厂并网运行管理实施细则及并网发电厂辅助服务管理实施细则）与辅助服务机制的稳步覆盖，走好地区电源参与全网电力电量平衡的"最后一公里"。

2）强化电力保供边界管控。在电源侧，狠抓新能源功率预测源头，突进新能源功率预测深水区。坚持数据溯源客观规律，与省气象台加强经常性气象预报预警的专业覆盖度，均衡考虑时间及时性与预测置信度要求，规划短时临近天气预报需求，创新新能源功率预测技术路线。加强新能源场站预测偏差后评估工作，协助排查预测精度提升难点，提供"一站一策"预测管理建议；深化科研协作，针对极端天气预测偏差、关键运行时段运行偏差开展分析，聚焦预测偏差核心诱因，选取新能源场站代表开展极端天气功率预测、短临气象功率预测等新技术路线的研究试点。在电网侧，重点提升输变电设备检修计划管理智能化水平，加强输变电检修计划制定与电网协同平衡调度间的有机衔接。综合考虑陕西电网中长期负荷走势、新能源发电特性、跨省跨区交易合同等情况，研究高效高精度的检修计划，优化求解算法及闭环安全校核方法，构建数据统一、流程精炼、决策智能的检修优化决策系统，落实发输变电设备检修全周期分析管理及停电辅助决策，从全业务、全流程角度确保检修计划执行期间陕西电网平衡上下备用容量达标，规避各类中长期不确定性引发的系统运行风险。

3）强化电力保供体系机制建设。研究制定"供需研判、风险预警、省间互济、源荷协同"的电力保供专项管理机制，全力确保陕西夏季、冬季两个负荷高峰时期的电力可靠供应和安全生产平稳。密切跟踪气象变化情况，强化负荷预测和新能源预测管理，加强电煤供耗存情况监测，滚动开展旬、周、日电力电量平衡分析，研判大负荷电力保供中可能存在的问题并落实解决方案，就外部困难及时汇报政府主管部门予以协调；构建以预防为主的电力电量平衡管理体系，针对一次能源供应异常、主力电厂发电能力不足、极端天气频发等因素引发电力电量供应出现可预见性的平衡风险，制定相应的评估、预警和管控措施，确保平衡风险预警管控机制的高效运转；在电源侧加强机组非计划停运和出力受阻常态化管理，严格按照"两个细则"开展专项核查，对机组超期检修、长期受阻、不执行调令等情况加大考核力度，切实维护电力生产秩序，在负荷侧坚守民生用电底线，研究制定迎峰度夏超计划用电限电及事故限电方案，配合制定有序用电方案和用户轮休轮停方案，坚决杜绝发生误限居民、公共服务类负荷的情况。

（4）聚焦市场体制机制改革，精准赋能资源优化配置。

精细省间交易管理，促进资源区域共享。立足高峰电力保供和低谷新能源消纳的现实需求，坚持全网一盘棋，扎实做好省间短期交易与省内电力保供的统筹管理工作。在西北区域内，做实做细省内电力保供边界测算，通过单向匹配、优先消纳/保底保供、备用市场等短期交易形式助力参与西北区域统一电力电量平衡；在跨区范围内，积极开展省间电力现货交易，通过在发电侧组织省内市场主体以"自愿参与、自主报价"方式参与省间现货外送，在购电侧以"保供优先、兼顾控煤"为原则代理实施省间现货外购，充分利用国网公司经营区域内的大范围电力调剂能力，深挖跨区跨省通道送电潜力，推动陕西电网参与更大范围跨省区电力余缺互济，最大限度缓解省内高峰时段电力供应压力，保障电力平衡。

5. 新型电力系统下一步建设方案

（1）持续加强新型电力系统特性认知。

1）不断加强风－光－荷运行特性认知和极端场景构建。依托历史运行数据，开展陕西风－光－荷时空相关性特征研究，深化大数据、机器学习等前沿技术应用，充分利用数值天气预报等外部信息，研究不同典型气象类型下的风－光－荷出力联合概率分布与统计特性，针对新能源长期低出力、长期高出力和负荷激增或骤降等极端保供困难场景，研究风－光－荷极端场景判定依据确定方法，面向电力保供需要研究基于极值外推的风–光–荷极端场景提取方法，为实现针对极端运行场景的统筹规划配置、保供需求评估、资源协调优化、风险预警防范打好认知基础。

2）持续深化电网安全稳定理论研究。加强新能源、储能、柔性负荷的物理建模，推进电网建模仿真能力超前建设，精准把握陕西电网安全稳定形态特征变化，探索陕西新能源渗透率、直流外送规模与电力保供、系统稳定水平间的制约关系，精准确定复杂电网安全边界，实现保供能力量化评估，全面提升大电网认知水平，为推动陕西新型智能化调控系统建设奠定理论基础。

（2）规划引领网架补强增强。

1）坚持规划引领重点突破。为降低大面积停电风险、提高电网运行抵御严重故障的能力和电力保供能力，从规划设计源头上全面排查梳理电网结构隐患，科学规划布局电网、落实差异化设计，确保 $N-1$ 方式不出现四级以上事故风险，提高电网抵御多重故障能力，服务电力保供。

2）坚持电网攻坚落在实处。充分发挥省市电力建设领导小组和市级电网建设攻坚领导小组作用，全面推广"政府挂帅、企业实施"模式，重点解决市县地区布点不足，供电能力紧张问题。以电网高质量发展为主题，以项目全过程高效实施为主线，坚决守住安全底线，打赢电网建设攻坚战，全面推动专业能力水平再上新台阶。

3）聚焦提高配电网建设质量。认真分析梳理配电网供应能力不足原因，以提高客户供电质量为出发点，切实做好配电网规划、建设、改造，从根本上解决局部供电能力不足的问题。深化配电网标准化建设，推行"四化"（标准化、绿色化、模块化、智能化）建设管理，确保项目高质、高效完成。全力探索国际领先城市配电网建设经验，并在多个地市公司核心区试点推广。

（3）健全统一电力市场体系。

1）加快融入全国电力市场。通过省间市场实现备用共享、灵活调节资源共享以及跨时空跨发用电互补，在更大范围实现电力保供资源共享及新能源消纳。结合省内供应保障情况和可再生能源消纳需要，合理测算新能源可外送电量规模，计算火电、新能源打捆比例，优化中长期电力外送曲线，按需参与省间现货交易，提高省内电力电量平衡裕度。

2）推动建立容量市场，解决电力供应可靠性问题。尤其是将储能电站建设纳入容量市场。根据火电转型容扩量缩的趋势，建立容量市场保障火电企业后续投资收益，促进火电机组新建或延寿。同时按照抽水蓄能电价形成机制，将新型储能电站纳入容量市场或推行两部制电价机制，多渠道保证新型电力系统可靠的容量支撑。

2.2.2　安全稳定控制挑战

在能源转型背景下，同步发电机被逐渐替代，无法继续为电网提供转动惯量，导致电力系统强度低，容易发生波动，抗干扰能力减弱，存在全面崩溃及大面积停电的风险。2019 年 8 月 9 日，英国电网遭受雷击引起单相短路接地，部分海上风电、分布式电源、燃气机组相继脱网，系统频率出现大幅跌落，诱发低频减载动作，最终整个英国损失约 5% 负荷。事故发生前风电出力为 30%、直流馈入功率逾 9%，低惯量特征明显。经事后分析，系统惯量水平低是该事故的主要诱因之一，扰动发生后分布式电源跳闸，进而导致后续火电意外脱网，低频减载动作。

受国家控煤政策、节能减排及大气污染防治行动计划等因素影响，近年来大量煤电机组被关停，部分电网呈现出常规电源空心化态势，加剧系统转动惯量下降程度。除电源结构变化外，输配电侧及负荷侧的转变也对系统惯量水平造成一定影响。例如大容量直流馈入挤占受端电网常规同步电源开机容量，多直流异步联网使系统同步规模减小，采用变流器的分布式发电、微电网、直流配电网和负荷侧有大量电力电子设备接入均会使系统惯量水平呈现不同程度的降低。制定适应新型电力系统特征的优化运行与稳定控制策略，是实现电力系统转型的迫切需求。

1. 低惯量系统稳定特性的变化

大量电力电子设备接入后，电力系统可能存在多种低惯量运行场景，从"发、输、配、用"各环节全面改变系统稳定运行特性，造成潜在威胁。

发电侧大规模新能源集中式接入。电力市场下，规模化新能源集中接入电网后将替代一部分常规电源开机容量，由于新能源机组大多经变流器并网，有功出力无法主动响应频率变化，从而对系统惯量水平和稳定性造成恶性影响。新能源并网设备耐压、耐频能力差，在大扰动下存在新能源集群连锁脱网风险，可能造成巨量有功缺额和系统频率大幅跌落。而在常规电源空心化态势下，新能源出力的随机性、间歇性及波动性给发电侧引入了强不确定度，威胁系统稳定运行。

输电侧密集型直流送出和馈入。大容量远距离直流输电为有效促进水电和新能源跨区消纳、能源资源大范围优化配置发挥了重要作用。然而，密集型直流送出和馈入也给系统惯量特性和稳定性带来负面影响。当送/受端系统间联络通道"强直弱交"特征明显时，由于交流互换功率占比较低，电网间联系不紧密，再加上电力电子设备复杂控制策略影响，交直流通道间的相互作用可能存在耦合。而当送/受端处于异步联网状态时，原有大型同步电网将被分割为两个异步子网，使得转动惯量水平及调频能力下降，易引起机组调频、直流调制动作频繁和电网备用容量不足等问题。此外，多直流异步联网格局下，大容量特高压直流双极闭锁或多回直流连续换相失败造成有功冲击大、不平衡能量波及范围广，导致送端和受端电网分别出现高频、低频稳定问题。若送端和受端电网均较弱，则可能引起送/受端分别出现大面积切机和切负荷等严重事故。随着柔性直流输电技术的发展，未来柔性多端直流电网与交流电网互联后所连交流电网的转动惯量水平将被进一步削弱。

配电侧分布式发电、微电网和直流配电网馈入。采用变流器的分布式发电、微电网、直流配电网持续馈入后，除变流器设备影响外，由于部分区域用电负荷可就地自主供给，使主网同步电源开机数量被迫减少，转动惯量、热备用不足引起的稳定问题进一步加深。欧美国家许多配电网配置的保护装置动作门槛值已难以满足低惯量场景下的运行要求。

负荷侧大量电力电子设备的接入。随着科技发展和产业升级，大量具有变流器接口的设备在用电侧持续接入，如电动汽车、小型风机、屋顶光伏等，这些设备对系统稳定运行也会造成影响。例如，与传统恒定阻抗和恒定电流负荷相比，变流器接口负荷不响应频率变化，使整体负荷频率特性变差。

2. 新型电力系统的稳定控制策略

安全稳定控制策略的有效设计和配置是保障新型电力系统安全稳定运行的关键之一，对于避免系统失稳，防止大面积切机、切负荷和系统解列，具有重要意义。

当系统发生小扰动时，系统调节机制主要依赖于同步机组的惯量响应和调频能力。例如，当系统运行于小负荷运行方式时，高占比新能源出力的强波动性将导致已开机同步电源频繁往复参与一次调频，对机组一次调频能力提出严峻考验。由于电力电子设备的复杂控制策略和快速响应特性，在小扰动场景下变流器可能对扰动呈现负阻尼效应，更易导致频率发生振荡。

对于大扰动故障，一般按扰动严重程度设置三道防线，分别采取相应的控制措施。$N-1$ 扰动故障下，不采取稳定控制措施，应能保持稳定运行，不发生负荷损失，不造成设备过载；遭受 $N-2$ 直流双极闭锁等严重故障后，可以允许采取稳控切机、稳控切负荷、直流调制、抽水蓄能泵等措施保持频率稳定；新能源集群脱网、大容量电厂跳闸、开关拒动、保护和自动装置拒动/误动等极端故障下，必须采取低频减载、高频切机、解列等最后一道防线，以避免造成

15

长时间大面积停电，尽可能地降低事故影响和尽快恢复正常运行。由于新型电力系统存在较高的惯量缺额和备用不足风险，其在遭受大容量有功冲击时，系统波动速率快、幅度大，第一、二道防线易被突破，危及系统本质安全稳定。因此，原有三道防线的某些环节可能需要重新优化、设计和加强。特别是需深入探索挖掘多类型资源的调节能力，通过多类型有功资源协同控制和多道防线协调配合，更好地应对电力电子化趋势下的低惯量甚至超低惯量高风险运行场景。

在新型电力系统中，特高压直流及其近区交流故障引起的扰动冲击往往远高于其他故障，在分析中不可忽视。直流闭锁导致的系统安全风险主要分为两种。一是直流系统与交流系统并联同步运行，因直流闭锁后潮流大范围转移导致的系统暂态失稳及热稳定问题；二是直流送受端交流系统异步联网运行，因直流闭锁后送受端电网功率不平衡导致的系统频率越限甚至失稳问题。

特高压直流"换相失败"是指因换流阀短路、丢失触发脉冲、交流系统电压降低等原因，造成换流阀在反向电压作用期间换相过程未能进行完毕，或预计关断的阀在反向电压作用一段时间内未能恢复阻断能力，当该阀施加正向电压时，立即重新导通，发生倒换相，使预计开通的阀重新关断。交直流互联电网受端大容量直流密集馈入，随着受端交流电网不断加强，各直流逆变站间电气距离更加紧密，多回直流同时换相失败问题严重，交流系统故障若不能快速隔离多回直流可能持续换相失败甚至导致闭锁，多回直流换相失败甚至闭锁对送受端电网均造成严重影响，送端电网配套电厂机组功率无法送出，存在大量盈余，对于异步送端电网将导致频率大幅上升，对于同步送端电网将遭受潮流转移冲击；受端电网因功率缺失潮流大范围转移，同时在直流功率恢复过程中消耗大量动态无功功率，特别是缺乏电源支撑的负荷中心地区，可能造成因动态无功功率不足导致的暂态电压失稳。

3. 新型电力系统安全稳定控制系统

稳定控制系统以电网运行方式和预想故障作为输入信息，以稳控措施作为输出信息，用于构建电力系统安全稳定的第二、三道防线，属于紧急控制范畴。策略表是稳控系统的核心要素，制定和更新稳控策略表是构建稳控系统的关键技术。目前普遍采用离线分析方法制定稳控策略，即通过对典型运行方式预想故障所需稳控措施量的归纳总结形成策略表。运维人员每年将稳控系统停运后进行稳控策略现场升级。

对稳控策略而言，电力系统存在三种运行域：实际出现的在线运行域、求取策略时所考虑的策略求取域、所有可能存在的可运行域。在线运行域小于等于可运行域，策略求取域通常小于可运行域，理想状态下等于可运行域，并包含在线运行域。通常情况下，策略求取域接近于可运行域，但并不完全包含在线运行域。因为这三者间相互关系不确定性，使得当前稳控系统在精确性、适配性、合理性这三个方面面临挑战。离线稳控策略以多项式函数来表达稳控措施量与系统特征量之间的关系，并确保该函数的计算结果大于等于实际所需控制量。策略求取域划分为几个子区域，由不同的公式来计算策略。但策略求取域不会划分得太细，所以稳控措施量可能远大于实际所需，离线稳控策略不够精确。策略求取域与在线运行域完全重合时，稳控策略具有最佳适配性。当策略求取域包含在线运行域时，稳控策略也具适配性。但新型电力系统环境下，电网方式变化频度与广度加剧，导致策略求取域与在线运行域重叠但不重合，离线稳控策略容易失配。策略求取域是多维连续空间。制定离线稳控策略时，无法穷举该空间中所有运行点，仅以数十种典型运行方式来代表整个策略求取域。当典型运行方式数目不足时，归纳得出的离线策略表多项式函数，在某些区间无法计算出合理的稳控措施量。

针对新型电力系统，多道防线的加强与协调配合至关重要，对于应对低惯量、超低惯量运行场景下的大容量有功冲击具有关键意义。

构建第二道防线，按照"离线决策，在线匹配"方式，部署大量在典型运行方式约束条件下、基于预想故障形式按照预定控制策略进行响应的安全稳定控制装置，即通过大量的离线仿真计算，针对预设故障集合团，制定切机、切负荷、直流功率调制等安全稳定控制措施，据此形成控制策略表，当系统实际发生相应故障时，按照策略表实施有关控制措施。目前，在运系统针对同杆双回线路跳闸、单一直流双极闭锁等故障均设置有安全稳定控制装置，通过故障后实施切机、切负荷、直流功率调制等控制措施确保系统稳定运行。为解决第二道防线中稳控量不精确和不经济的问题，在线紧急协调控制策略快速发展。通过在线更新模型，将系统受扰后的紧急功率支援、直流调制、储能等调频手段与频率变化量构建为一个最优化问题，实时求解得到各时刻频率最优控制方案。另外，也有方案考虑采用电气特征结合故障事件的调切一体动作策略代替原有开关动作，提升稳控装置的可调控性及灵活性。

第三道防线是防范大电网崩溃的最后一道防线，发挥故障灾害兜底、防止系统崩溃的重大作用。对于多重故障、预想之外的事故导致系统失去同步或频率、电压异常，均应由第三道防线装置采取措施防止事故扩大，防范系统崩溃。因此，通常第三道防线不针对特定运行方式和故障形态，当系统发生失步振荡、频率异常、电压异常等情况时，分散布置的就地装置依据本地电气量实施解列、频率及电压紧急控制等措施。第三道防线的低频减载策略中，可以通过广域量测信息建立功率缺额评估模型，对低频减载量进行动态调优，以最小切负荷代价维持系统受扰后频率稳定。有方案考虑采用分布式和连续化低频减载模型，根据电网实际场景及扰动大小优化制定切负荷策略，避免负荷过切问题。

特高压直流近区等稳定问题复杂的区域采用广域控制措施实现全域主动协同控制，包括直流有功功率调制、无功功率调制、功率紧急控制、频率调制等，各直流系统附加控制功能相对独立。同时，各直流系统配套的安全稳定控制系统之间也相对独立，仅与送受端配套交流系统安全稳定控制系统建立简单的接口联系，通过有限的切机、切负荷措施解决局部扰动带来的稳定问题。对于多直流输电系统而言，各个直流的附加控制功能及其配套安全稳定控制措施如得以综合利用，可大幅提升电力系统安全稳定运行水平。其中包括：通过直流无功功率调制可提高系统裕度、保持换流站近区母线电压水平；通过直流有功功率调制可提高系统低频振荡阻尼、优化断面功率分配、解决元件过载等；通过直流频率调制可帮助异常时系统频率恢复；通过更广范围内组织切机、切负荷措施，可提高系统抵御更大扰动的能力。

2.2.3　安全通信挑战

1. 新型电力系统通信网面临的新形势与新挑战

（1）大电网运行高度依赖通信。随着特高压交直流混联大电网发展，电力系统特性发生深刻变化，安控系统和系统保护已成为过渡期电网安全运行的必备措施，相关装置拒动将直接导致对电网稳定性的破坏。面对这一新形势，通信专业要继续保证继电保护和安控系统等点对点控制业务通道畅通，确保"两道防线"在故障情况下快速切除故障元件、控制电源和负荷，避免事故进一步扩大；同时，还要深入研究系统保护等大范围协控新业务的通信需求，支撑控制命令实时、可靠传送，确保这一"关键系统"在多回直流双极闭锁、换相失败等极端情况下保障电网安全可靠运行。

由于系统保护控制对象涉及众多机组、交直流线路、抽水蓄能电站、负荷，节点数量多、距离跨度大、路由要求高，在通信网现有条件下，有的采用多级电路串联方式开通通道，有的由多单位联合分段监控和运维。此种情况不应该成为常态，要在加强通道统一监控巡视和快速处理故障的同时，依托有关建设改造项目，高标准高质量加快实施，补强区域通信网架，确保系统保护所需通信通道全部为同级通道，进一步提高系统保护控制可靠性。

同时，自动化专业加快新一代调度控制系统和调控云建设，提升对电网状态、分布式电源、终端用户、外部环境的全景感知能力，要求更加广泛灵活的通信连接和高速可靠的数据交换。通信专业要研究掌握数据传输带宽、实时性、可靠性等方面的需求，充分利用各级大容量骨干传输网资源，满足电力监控和调度管理需要。

1）通信对自动化的支撑。自动化对通信的依赖主要体现在调度数据网建设运行需求方面。作为承载各类调度生产业务的专用数据网络，调度数据网支撑调度中心之间、调度中心与厂站之间生产数据采集和交换，是实现上下级智能电网调度控制系统间一体化运行和电网模型、数据、画面的源端维护、全局共享的网络平台。为满足新一代调度控制系统高速可靠的数据交换需求，调度数据网的网架架构、传输容量、承载能力及运行可靠性等方面急需调整和提升，对通信网提出了迫切需求。

2）通信对电网故障防御的支撑。随着特高压直流工程的陆续投产，形成多回直流大功率馈入的运行方式，"强直弱交"矛盾突出，电网系统稳定问题由局部、孤立向全局、连锁方向演化。目前，传统的安控系统以就地控制手段为主，不能对局部电网的可控资源进行有效协调，难以应对多回直流同时闭锁带来的严重稳定问题。系统保护主要实现多资源协调控制功能，通过监测各回直流、所有抽水蓄能机组及可控负荷的实时运行状态，当直流故障闭锁或功率紧急速降而导致电网出现大功率缺额时，执行事先制定的控制策略。

电网故障影响的全局化带来电网故障防御体系变化，由传统的继电保护、安控系统转变为系统保护，进一步增强电网安全保障对二次系统的高度依赖。系统保护从主站判断到子站执行，通信的基础保障作用非常重要。

（2）配电网运行高度依赖通信。适配电力系统转型需要推动一体化网络建设。当前，新型电力系统建设快速推进，分布式新能源、储能、虚拟电厂、电动汽车等新业态和新型用能设备广泛涌现，源网荷储互动、多能协同互补不断加强，对电力平衡和稳定特性的影响日益突出。电网调控能力不断向末端延伸，电网状态感知更加全面精准，配电网与主网的耦合更加紧密。因此，通信专业应从系统性出发，统筹考虑"骨干+接入""光纤+无线"的一体化通信网建设，打造安全可靠性更高、传送能力更强、覆盖范围更广的融合网络，更好地满足各级电网"可观、可测、可调、可控"要求。

2. 大电网运行通信风险应对

（1）加大保护安控业务通道重载治理力度。一是改造通信网。新建线路同步架设 OPGW，推进地线改 OPGW，化解光缆重载问题；增补枢纽站点通信设备，解决设备重载问题。二是通道方式优化。加强各级通信网互联互通，优化通道组织方式，缓解业务重载问题；及时调整和优化通信方式，利用新增光缆设备资源分担重载业务压力。三是落实"双保护、三路由"技术策略。完善 220kV 及以上各电压等级"双保护、三路由"通道配置策略，推进通信通道完善与保护装置通信接口改造。

（2）推进系统保护通信网络建设。要建设总分一体、全面覆盖各区域的系统保护通信网，提升电网业务安全性。

（3）加强通信网安全防控能力。增加各级电力调度控制中心、枢纽变电站等核心站点通信光缆冗余备份，强化光缆防外破技术和管理措施，提高核心站点通信光缆安全防护能力；做好通信网络容灾建设，加强核心站点间互联互备，提升通信网络风险抵御能力。加强通信传输网管安全防护，坚持专网专用、专机专用，加强操作人员和重要场所管控，重点做好并网电厂及用户站通信设备管理，严控网管接入和账号权限，规范网管操作流程，增强网管防渗透能力。

3. 新型电力系统通信支撑

配电网作为新型电力系统建设主战场，需要做好专业技术支撑，提升通信网络灵活接入能力，推动通信接入网高质量发展。

（1）源（储）侧通信支撑。10kV 分布式电源、储能可采用光纤专网、无线专网覆盖。0.4kV 分布式电源、储能优选无线虚拟专网等覆盖。10kV 分布式电源、储能终端的采集和控制业务，可采用光纤专网承载，不具备条件的可采用无线专网承载。0.4kV 分布式电源、储能终端仅有采集功能时，优先采用无线虚拟专网承载，具备条件的可采用光纤专网、无线专网承载。

后续建设中，新建 10kV 分布式电源可采用光纤接入，不具备条件也可暂时采用无线专网接入，可因地制宜，有序开展 5G 电力无线虚拟专网承载的验证。0.4kV 分布式电源仅有采集功能时以无线虚拟专网接入为主，具备条件时也可采用光纤专网、无线专网接入。

（2）电网侧（电缆、架空线路）通信支撑。新建 10kV 电缆线路采用光纤专网覆盖，在必要区段可采取资源置换或租赁其他单位廊道和光纤资源。10kV 架空线路或电缆、架空混合线路采用无线专网、无线虚拟专网覆盖。城市 A＋、A 类区域，及城市核心区（如 CBD、商业街、重大活动场所等）的 10kV 线路，可采用光纤专网覆盖。若仅有采集类业务，采用无线虚拟专网承载；控制类业务采用光纤专网、无线专网承载，可有序开展 5G 电力无线虚拟专网的验证。电缆、架空线路在不具备其他通信手段时，可采用中压载波进行补盲覆盖。

后续建设中，若新建（改造）10kV 线路全程为电缆线路，应同步敷设光缆。暂不具备光纤专网应用条件的，可因地制宜，有序开展 5G 电力无线虚拟专网承载控制类业务验证。

（3）负荷侧（台区、用户）通信支撑。重要用户（包括特级、一级、二级重要用户）可采用光纤专网覆盖；其他用户采用无线专网、无线虚拟专网覆盖。10kV 电缆线路接入的台区优先采用光纤专网覆盖；10kV 架空线路或电缆、架空混合线路接入的台区采用无线专网、无线虚拟专网覆盖。对于各类业务的承载原则，与电网侧一致。采集类业务优先采用无线虚拟专网承载；控制类业务具备条件时采用光纤专网承载，可有序开展无线虚拟专网验证。台区内的本地通信采用 HPLC＋HRF 双模、HPLC＋多模、可信 WLAN、无线自组网等多种通信方式。

后续建设中，对存量未实现光纤覆盖的 A＋、A 类区域及重要负荷用户，随电网改造逐步实现光纤覆盖。其他区域优先采用安全性高的无线专网等通信技术。

第 2 篇
新型电力系统安全风险防范关键技术

3 多电源运行特性耦合分析与控制技术

在我国 2060 年碳中和的宏伟目标下，能源系统低碳化转型将成为我国能源系统的重要发展战略，高比例可再生能源广泛接入和高比例电力电子设备大规模应用正成为电力系统发展的重要趋势和关键特征。新能源装机容量逐年递增，风电、光伏、水电、在建核电装机规模等多项指标保持世界第一，随着可再生能源装机容量占比逐渐上升，以高比例新能源为显著特征的新型能源网架决定了电力电子设备将在电力系统中大规模应用，即电力系统趋向"电力电子化"。由于电力电子设备在控制方式、物理结构、动态行为、设备交互等方面与传统电磁设备存在显著差异，其规模化应用将极大改变电力系统动态行为，原有电网网架发生实质性转变。多电源运行特性耦合问题，深刻影响电力系统运行特征，产生新的稳定性问题。目前电力系统的特点主要包括：

（1）多种能源并网、多种电能产销主体共存的发展趋势使得系统形态结构和稳定性特征发生重大变化，旋转式同步发电机比例下降，电力电子接口的电源和负荷占比急剧上升，决定系统动态行为的因素增多，特别是复杂多样化数学控制间的相互作用，既改造经典稳定性特征，又引入新型稳定性问题。

（2）新型可再生能源机组的增加，导致机组组合与运行方式剧增，给系统运行、调控带来重大挑战。

（3）风、光等可再生能源机组的低惯性、弱致稳性、弱抗扰性及出力随机性等特征降低了电网抗扰动能力和调节能力，严重影响系统稳定性，同时其数字式快速调控能力也给稳定控制带来新的机遇和选择，推动稳定性分析、控制理论与方法的变革。

（4）多样化变流器之间及其与传统电网元件之间的多尺度、宽频带电磁动态引发全新的稳定性问题，更兼系统维数增高、组合方式爆炸式增长，稳定分析与控制的难度激增。

（5）新型可再生能源电源和电力电子变流器在电网中广泛应用，一方面，其与传统设备完全不同的动态响应特性会"重塑"系统整体的动态行为，引发新型稳定性问题；另一方面，其向电网注入的功率和对电网参数的调节会改变系统运行方式、潮流分布和传统设备的工作点；从而影响经典稳定性的各个方面。

3.1 多电源运行特性耦合对电力系统电压的影响分析与控制

3.1.1 电压稳定问题分析

电力系统稳定问题的物理本质是系统功率平衡问题，电力系统稳定运行的前提是必须存在一个平衡点。电力系统的电压稳定问题，也即负荷母线上的节点功率是否平衡问题。当节点提供的无功功率与负荷消耗的无功功率之间能够达成此种平衡，且平衡点具有抑制扰动而维持负荷母线电压的能力，系统电压稳定。反之，若系统无法维持这种平衡，就会引起系统电压的不断下降，并最终导致电压崩溃。当有扰动发生的时候，会造成节点功率的不平衡，任何一个节点功率的不平衡都会导致节点电压的相位和幅值发生改变。各节点电压和相位运动的结果若能稳定在一个系统可以接受的新状态，则系统是稳定的；节点的电压和相角如果在受到扰动之后无法控制地不断发生改变，则系统进入失稳状态。电力系统的电压稳定和系统的无功功率平衡有关，电压崩溃的根本原因是由无功功率缺额引起。扰动发生后，系统电压无法控制地持续下降，电力系统进入电压失稳状态。无论是来自动态元件的扰动还是来自网络部分的扰动，所破坏的平衡均归结为动态元件的物理平衡。电力系统的动力学行为仅受其动态元件的动力学行为及其相互关系的制约。

现代电力系统高速发展，随着新能源的高比例接入，会产生一系列的电压稳定问题。风电、光伏的大规模应用，给传统的电网带来了不少的考验，对系统电压稳定问题提出了新的挑战。新能源的随机性和波动性以及新能源在电网中的比例增高，使新能源对接入地区电网电压的影响将逐渐扩大，例如风速的变化将引起风机出力的变化，风机输出的有功功率的变化将引起风机输出端与风电并网点之间电压的变化，将导致系统电压的不稳定。如果风速变化的频率和幅度超出一定的范围，有可能导致电压的振荡剧烈，破坏风电接入地区电网的安全运行；电压的振荡也可能导致风机的脱网，丢失了发电出力，特别在风力出力占总出力比重较大的地区，使电网供求不平衡，严重影响当地的用电需求。

另外，新能源机组大多数不能进行有效有功功率及无功功率的调节，对电网电压影响较大；同时大量的功率注入电网后，改变了电网潮流分布，对当地电网的运行调度、无功补偿容量的配置以及电压稳定性产生明显的影响。当新能源场站的内部或者外部出现故障时，电压的瞬间变化对发电机组也产生严重的影响，加大了新能源接入地区电网电压的不稳定。

新能源场站以不同方式接入电网，对系统产生的影响是不同的。在新能源场站出力稳定的情况下，分布式接入比集中式接入具有较强的电压支撑能力；在新能源场站并网线路参数一致的情况下，分布式接入与集中方式相比，线路损耗较小；在新能源场站受到气候影响时，新能源场站集中接入方式电压波动较小，分布式接入方式电压波动较大，集中接入方式有较强的电压抗扰动能力。

随着大规模新能源的接入，新能源对其所在地区的电网电压稳定的影响也将进一步加深。目前国内外对大规模新能源接入地区的电压稳定性研究还不够完善和全面，仍需在以下方面展开研究工作。① 加强对风光预测的研究，为新能源接入地区电网电压稳定性研究提供可靠的依据。风光的随机性和间歇性导致了新能源出力的波动，从而影响电压的变化。做好风光预测，有利于更好研究新能源接入地区电网电压稳定性，从根本上解决电压的稳定性问题。② 加强在新能源场站外部电路和新能源场站内部电路发生故障后新能源场站并网节点电压波形特征的研究。故障是导致新能源接入地区电网电压不稳定的另一个重要因素。故障导致的新能源并网节点电压降低问题，对新能源机组的正常运行有致命性的影响。对新能源并网节点电压波形的研究有利于更好地对新能源机组改进其低电压穿越能力。③ 加强新能源机组脱网后新能源接入地区电网电压稳定性调节措施的研究。随着我国新能源发电占总发电量比例的逐渐增大，面对频频发生的新能源机组脱网事故，有必要对发电量和负荷的不平衡展开研究，通过仿真寻求一种最小经济损失的最优解决方案。火力发电与新能源发电接入同一个并网点，可配合提高新能源接入地区的电压稳定性。假设同等新能源场站出力的火电加入新能源场站并网节点，则相对并网点的有功功率波动值占总有功功率比值减小了一半，有利于提高其电压的稳定性。火力发电机也能对并网点进行无功补偿，减小新能源机组的无功补偿的压力。当出现故障时，火力发电机能提高并网点的电压恢复能力。

3.1.2　电压稳定控制技术

1. 负荷端补偿技术

（1）并联电容器。并联电容器是电力系统无功功率补偿的重要设备，主要用于正常情况下电网和用户的无功补偿和控制。并联电容器投资少，功率消耗少，便于分散安装，维护量少，技术效果也较好。另一方面，虽然并联电容器可以减少无功电流损耗，但是不能减少电压变化下限。一般来说，每个变电站约安装1~4组电容器。我国有些电网高峰时电压过低，其主要原因是系统安装的并联电容器容量不足。有些电网低谷时电压过高，其原因之一是高峰时系统投入的并联电容器在低谷时没有去除或去除不够，造成系统在低谷时无功功率过剩、使电压过高。因此并联电容能平滑调节无功功率。

（2）静止无功补偿器。静止无功补偿器（SVC）被用于输电系统波阻抗补偿及长距离输电的分段补偿，也用于无功补偿。主要有以下几种类型：晶闸管控制电抗器、晶闸管投切电容器、TCR/TSC 混合装置，即静止式 SVC。SVC装置是通过改变电抗器来调节其输出的无功功率，它输出的无功电流与系统电压成正比，因此在电力系统电压降低时，SVC 装置输出的无功功率会以与系统电压下降的平方的比例下降。要防止 SVC 装置接入后因改变系统阻抗特性导致出现谐振。

（3）静止无功发生器。静止无功发生器（SVG）是基于电力电子技术，通过脉宽调制技术（pulse width modulation，PWM），利用 IGBT 构造一个电压源型逆变器，经过电抗器并联在电网上。电压源型逆变器包含直流电容和逆变桥两个部分，其中逆变桥由可全控的半导体器件 IGBT 组成，运行中其输出与负载反相的无功电流，实现补偿，接入后不会改变阻尼特性。

（4）静止同步补偿器。静止同步补偿器（STATCOM）是灵活交流输电系统的核心装置和核心技术之一，在电力系统维持连接点的电压为给定值，能够提高系统电压的稳定性，改善系统的稳态性能和动态性能。STATCOM 是基于瞬时无功功率的概念和补偿原理，采用全控型开关器件组成自换相逆变器，辅之以小容量储能元件构成无功补偿装置。

（5）低压减负荷。低压减负荷是目前最有效的解决电压稳定问题的措施之一，具有原理简单、可靠性高的特点，在国内外电力系统中都被广泛采用。低压减负荷可以分为集中控制型和分散型两种，我国目前采用的基本都是分散型低压减负荷控制。

2. 调度端稳定控制技术

（1）同步调相机。同步发电机既是有功功率源，又是最基本的无功功率源。当系统的无功功率比较紧张时，必须充分利用发电机供给无功功率。例如冬季枯水季节时，水库水源不多，水力发电厂不可能按照装机容量发出额定设计的有功功率，此时应考虑将水轮发电机降低功率因数运行，使其多发无功功率，将发电机以调相方式运行。同步调相机相当于空载运行的同步发电机，在过励磁运行时，它可作为无功电源向系统供给感性无功功率，以提高系统电压水平。在欠励磁运行时，它可作为无功功率负荷从系统吸收感性无功功率以适当降低系统电压水平。

（2）发电机控制调压。同步发电机是电力系统中最重要的无功电源之一，也是最主要的动态无功功率储备设备。同步发电机提供无功功率的能力对于防止电力系统电压失稳事故发生非常关键。发电机控制调压主要有三种方式：发电机无功备用容量、发电机高压侧电压控制和发电机出力控制。发电机无功备用容量是在正常运行状态下，尽量采用并联电容器组替代发电机作为无功电源输出，使发电机在正常运行时功率因数接近于 1.0。这样，发电机储备有大量的无功功率备用，在电力系统出现无功功率不足导致电压下降时快速响应，避免电压崩溃的发生。高压侧电压控制主要是通过现有励磁系统中加入（变压器）压降补偿的方法来实现，这种方法不需要采集升压变压器高压侧的电气量，因而无需添置额外的设备。发电机出力控制是在事故发生前的正常运行状态下，通过调节系统中部分发电机有功出力，尽量使潮流分布更加均衡，减少重载线路的数目及潮流水平，可以有效地预防电压崩溃事故的发生。在事故发生后的紧急运行状态下，通过调节系统中部分发电机的有功出力，使过载或重载线路的负载下降到合理范围内，防止进一步的线路连锁跳闸，可以避免事故扩大，阻止由连锁故障引发大范围的电压崩溃事故。

3.2　多电源运行特性耦合引起的电力系统宽频振荡问题分析与控制

3.2.1　宽频振荡问题分析

风电、光伏等新能源发电经交流弱电网、串补线路、LCC－HVDC、MMC－HVDC 送出系统均含有电力电子设备。大规模新能源并网系统形成了高比例新能源、高比例电力电子的局部双高电力系统。局部双高电力系统特性由上述电力电子装置的控制特性主导，系统运行特性与传统电力系统相比将发生深刻变化。近年来，国内外多个地区陆续发生大规模新能源并网宽频振荡脱网事故，严重影响系统的安全稳定运行。

国内外发生过多起由并网风电场引发的次同步振荡事故。2009 年 10 月 22 日，美国得克萨斯州电网出现次同步振荡事故并导致风机和系统部分元件损坏。事后的相关研究显示，事故的主要原因是串补度的提升与双馈风机控制系统间发生了次同步控制相互作用。国内风电场也曾多次出现类似事故。如张北沽源风电场投运后曾多次检测到次同步振荡现象，严重时导致了大范围的风机脱网。相关研究认为双馈风机的控制系统与线路串联补偿装置产生的感应发电机效应是本次事故的主要原因，因此沽源次同步振荡事故与得州次同步振荡事故具有相同成因。自 2015 年 6 月起，我国新疆哈密地区电网发生了多起由并网直驱风电场引发的次同步振荡事故。其中事故严重时导致距离风电场 300km 外的多台火电机组切机，威胁到了电力系统的稳定运行。近年来，在国内外基于模块化多电平换流器的柔性直流输电系统中相继发生了多起高频振荡事件，引起了国内外学者的广泛关注。部分典型高频振荡事件有：

（1）2017 年 4 月 10 日，鲁西换流站常规直流单元处于停运状态，柔直单元单独运行，广西侧换流器因故障形成了仅通过西百甲线单回长链路接入交流系统的运行工况。在此期间，在鲁西换流站广西侧、百色站、永安站录波中均观测到 1272Hz 左右的高频谐波。

（2）2018 年 12 月 14 日，在渝鄂工程南通道鄂侧进行空载加压试验时，在换流站鄂侧 500kV 出线的电压、电流中观测到频率为 1810Hz 左右的高频谐波。12 月 17 日，在渝侧进行加压试验时，交流侧再次出现了频率约为 700Hz 的高频振荡现象。

此外，在法国—西班牙点对点柔直联网 INELF 工程中发生了 1700Hz 左右的高频振荡事件；加拿大某光伏－柔直送出系统在调试阶段出现了 2370Hz 的振荡现象，最终导致光伏电站重启；张北柔直工程在调试阶段也观测到 1500Hz 左右的高频振荡现象。它是以电力电子式控制为主导的不同设备间相互作用所产生的振荡问题，是电力系统发展过程中多电源运行特性耦合问题产生的新型电力系统稳定性问题。

3.2.2　振荡分析方法

新能源并网系统的宽频振荡问题是典型的小信号稳定性问题，现有研究提出了多种宽频振荡分析方法，主要包括特征根分析法、复转矩系数分析法、时域仿真分析法、阻抗分析法等。

1. 特征根分析法

特征根分析法首先建立系统线性化模型，然后通过求解系统状态矩阵的特征根、特征向量和参与因子，进而判断系统稳定性及影响因素。特征值分析法广泛用于分析电力系统的小信号稳定性，根据系统所处的某个工况进行线性化，从而建立该工况下的系统小信号状态空间方程，并根据状态方程求解系统状态空间矩阵的特征值，即系统的各个模态，然后根据各个模态判断系统的稳定性。

特征根分析法除了可以用于判断新能源并网系统的稳定性以外，还可以借助成熟的模态分析手段，定位振荡问题的风险因素。例如，计算振荡模态的参与因子，从而分析各个状态变量对系统各个模态的影响，或者通过计算特征值灵敏度矩阵，分析某个关键参数对该特征值的灵敏度。特征根分析法科学理论严密，物理概念清晰，分析方法精确，可以用于优化设计控制器以抑制宽频振荡。

2. 复转矩系数分析法

复转矩系数分析法是一种主要用于分析机电扭振相互作用引起的次同步振荡问题的方法。其基本思路是，在被研究的发电机转子角度上施加不同频率的小扰动，通过求解系统线性化模型，或者分析时域仿真和物理系统测试曲线得到小扰动引起的发电机电气复转矩响应和机械复转矩响应，电气和机械复转矩响应与转子角度小扰动的比值分别为等效电气复转矩系数和等效机械复转矩系数，复转矩系数的实部为弹性系数，虚部为阻尼系数，通过分析和比较不同频率下的电气和机械弹性系数、阻尼系数关系，实现系统次同步振荡风险的判定。

该方法也是建立在系统线性化模型基础上的方法，可以认为是频率扫描法与特征值分析法的结合，相比特征值分析法有一定优越性。另外，通过频率扫描，可以获得阻尼系数随扰动频率变化曲线，有利于较直观地分析参数变化对次同步振荡风险的影响。该方法从原理上仅适用于分析与发电机动态特性相关的振荡问题，面对新能源并网系统包含的风电、光伏、SVG、LCC－HVDC、MMC－HVDC 等电力电子装置，其适用性存在一定的挑战。

3. 时域仿真分析法

时域仿真分析法通过建立包含新能源并网系统的等值模型并求解微分与代数方程组，得到系统中变量随时间变化的响应曲线，从而分析系统动态特性。时域仿真可以模拟元件从几百纳秒至几秒之间的电磁暂态及机电暂态过程，仿真过程不仅可以考虑新能源发电及直流输电等电力电子装置的控制特性，电网元件（如避雷器、变压器、电抗器等）的非线性特性，输电线路分布参数特性和参数的频率特性还可以进行线路开关操作和各种故障类型模拟。

通过控制硬件在环仿真（control hard ware-in-the-loop，CHIL），可实现新能源并网系统电力电子装置"灰箱化/黑箱化"控制系统的时域仿真分析。CHIL仿真模型替代了除被测控制器以外的其他实际设备或环境，通过相应的接口设备将仿真模型与真实的控制器连接，构成闭环测试系统，并要求系统的软件环境和硬件设备按照实际工程的时间尺度运行，从而完成整个系统在不同工况下运行状态的模拟，以及实际控制器的功能和控制策略的实验验证。

时域仿真分析法可描述新能源发电及直流输电等电力电子装置的非线性因素，实现稳态运行与故障穿越逻辑切换，不仅能够准确复现宽频振荡频率，而且能够复现振荡幅度。

4. 阻抗分析法

阻抗分析法最早被用于直流系统输入滤波器的设计，其后逐渐被应用于直流系统、单相交流系统、三相交流系统与交直流混合系统的小信号稳定性分析。

针对新能源并网系统的宽频振荡问题，阻抗分析法将新能源并网系统划分为两个子系统，将新能源子系统等效为一个理想电流源与等效阻抗的并联，将

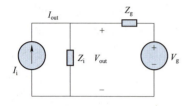

电网子系统等效为一个理想电压源与等效阻抗的串联，新能源并网系统的等效简化模型如图 3－1 所示。

图 3－1 新能源并网系统简化模型

公共连接点稳态电压与电流小信号的稳定性为新能源并网系统的稳定性，输出电流小信号为：

$$I_{out} = \left(I_i - \frac{V_g}{Z_i} \right) \frac{1}{1 + Z_g / Z_i} \qquad (3-1)$$

在系统设计时，认为新能源和系统是稳定系统，即式（3－1）中括号部分是稳定的，由此新能源并网系统的稳定性取决于：

$$G(s) = \frac{1}{1 + Z_g / Z_i} \qquad (3-2)$$

将新能源与系统阻抗比的回路增益是否满足 Nyquist 稳定判据作为系统稳定性的计判依据。

按照阻抗模型坐标系定义不同，可将阻抗分为同步旋转坐标系（dq 阻抗）和静止坐标系（相序阻抗）两类。

（1）dq 阻抗。对于三相交流系统，可以将静止坐标系下的交流周期性信号转换为旋转坐标系下的直流分量，从而以旋转坐标系下的直流分量为稳态工作点进行线性化。通过这种线性化方法得到的阻抗模型即为 dq 阻抗模型。

然而需要指出的是，通过变换至 dq 旋转坐标系以获得直流稳态工作点的方式仅对三相对称系统适用。当三相系统接入不平衡电网，或者三相系统的稳态工作轨迹中含有不平衡、谐波分量时，dq 阻抗建模方法具有一定的局限性。同时，dq 坐标系下的阻抗模型以本地并网点为参考点，每个新能源发电单元的阻抗模型都建立在各自的坐标参考系下，在对多发电单元新能源场站进行阻抗建模时需要将各个新能源发电单元的阻抗模型旋转至统一参考系，因此 dq 阻抗建模方法在大规模新能源场站并网稳定问题的研究上也具有一定的局限性。

（2）相序阻抗。谐波线性化方法对非线性交流电路和系统进行线性化，得

到与基于阻抗的方法相匹配的宽频阻抗模型。该方法的基本思路是在系统稳态正弦工作轨迹上叠加一个不同频率的小信号正弦扰动电压或电流，然后利用快速傅里叶变换或双傅里叶变换的方法，对系统中每一个非线性环节逐一进行展开，得到一个小信号的线性描述，并在此基础上计算整个系统对所注入的小信号扰动的同频率下的电流或电压响应，而所得到的响应与原始扰动之间的比值可用于定义系统在扰动频率下的阻抗。

对于三相电路和系统而言，可以用对称分量分解的方法将任意一组三相小信号扰动分解成一组对称的正序、负序及零序扰动，并利用谐波线性化原理计算电路或系统对每一个序扰动的响应，从而得到相应的序阻抗。一般情况下，正序扰动电压可能会产生正序及负序扰动电流。类似地，负序扰动电压也可能产生负序及正序扰动电流。而零序电流在没有中性线的三相系统中则不可能存在。在一般情况下，一个三相电路需要由一个 2×2 的正、负序阻抗矩阵来描述，而该矩阵除了对角元素之外，其非对角元素也可能为非零值。

3.2.3　振荡抑制措施

国际上众多学者对新能源并网系统的宽频振荡进行了大量的研究，提出了多种方法以抑制宽频振荡的产生或降低其发生的风险。这些方法主要包括优化装置本体性能和增加辅助装置两大类。

优化装置本体性能主要包括优化控制参数和改进控制结构两种方式。

1. 优化控制参数

新能源发电及直流输电均包含诸多控制器的电力电子装置，装置控制的特性是系统振荡的重要因素。近年来，国内外学者的研究工作主要围绕电力电子装置控制参数优化，实现系统振荡抑制。基于控制参数优化的阻抗重塑技术优点是实现相对简单，通过对电力电子装置特定控制器的控制参数调整，进而对装置特定频段阻抗特性优化，实现振荡抑制。

2. 改进控制结构

受控制参数调整范围的限制，对于某些频段的振荡问题，仅依赖于控制器参数优化难以实现振荡抑制。通过引入虚拟导纳、有源阻尼等附加控制器，实现对特性频段的阻抗重塑及振荡抑制。

增加辅助装置主要包括增加串联型和并联型柔性交流输电系统（flexible alternating current transmission system，FACTS）装置。

（1）串联型 FACTS 装置。常用来抑制新能源并网系统振荡的串联型 FACTS 装置主要包括可控串联补偿装置（thyristor controlled series compensator，TCSC）、门级控制串联电容器（gate-controlled series capacitor，GCSC）、静止同步串联补偿器（static synchronous series compensator，SSSC）等。虽然串联型 FACTS 装置通过合理的设计能够取得很好的抑制效果，但它串接于系统之中，结构上不够灵活，缺乏可靠性，且全控型的 FACTS 装置价格昂贵。

（2）并联型 FACTS 装置。抑制新能源并网系统次同步振荡的并联型 FACTS 装置包括 SVC、静止同步补偿器（static synchronous compensator，STATCOM）、统一潮流控制器（unified power flow controller，UPFC）和超导储能（super conducting magnetic energy storage，SMES）等。

相比串联型 FACTS 装置，并联型 FACTS 装置在结构上灵活可靠，在工程使用上更为方便，但是并联型 FACTS 装置的抑制能力有限，一般不能从根本上解决宽频振荡问题。

3.3 多电源运行特性耦合对电力系统频率的影响分析与控制

3.3.1 频率问题研究分析

在我国部分地区，新能源电源已然成为区域第一大电源，新能源装机占比甚至超过 40%。随着越来越多的新能源发电接入电力系统并逐步取代传统发电，电力系统基本特性发生了变化，使得电力系统的安全稳定运行面临了新的挑战甚至威胁，尤其在电力系统频率稳定方面，以下简单总结了两点原因。

首先，大规模新能源并网使得电力系统等效惯量减弱。传统电力系统的等效惯量一般是指同步发电机组转子的转动惯量。同步发电机组与电网直接相连，其转速与系统频率耦合，当系统出现扰动，通过电磁功率的变化，同步发电机组能够天然地释放/吸收部分转子动能来抵抗扰动的影响，此为同步发电机组的惯性响应，这一过程体现了等效惯量对系统频率稳定性的重要意义。而随着更多新能源发电机组取代同步发电机组接入电网，电力系统呈现出低惯量甚至无惯量的特性。以风电机组为例，其原因在于，变速风力发电机组通过电力电子装置接入电网并通常运行于最大功率追踪状态，使得变速风力发电机组的转速与系统频率解耦，变速风力发电机组无法像同步发电机组一样提供惯性响应。即使大容量变速风力发电机组蕴含大量转动惯量，这些惯量也无法成为有效的系统惯量，系统等效惯量减弱。因此，随着大规模新能源并网，电力系统等效惯量不断减弱，频率变化率加剧，对电力系统频率稳定造成了恶劣的影响。

大规模新能源并网使得电力系统有功平衡概率化。电力系统中的传统电源，像火力发电、水力发电等，一般都留有充足的有功备用，且其有功出力是灵活可控且确定的。火力发电可以通过一次调频、二次调频、三次调频的方式调节自身出力满足负荷有功需求。水力发电本身重要的作用之一就是削峰填谷。而新能源发电通常运行于最大功率追踪状态且不留有有功备用，受气候波动性和间歇性影响，其出力具有不可控性和不确定性，因而不具备传统电源具有的调频能力。因此，随着大规模新能源并网，系统有功备用不确定，电源有功出力不可控，系统调频能力降低，电力电量平衡呈现概率化，给电力系统频率稳定带来了严重的威胁。

3.3.2　频率问题控制方法

随着新能源占比的不断提升，电力系统的转动惯量和调频能力会持续下降。对于高比例新能源电力系统，短时功率不平衡会严重威胁系统频率稳定性。频率失稳的本质是供需关系不平衡，因此，在电源侧和负荷侧制定相应的稳控策略成为保障系统频率稳定的重要手段。

在电源侧，可以让新能源机组参与调频，充分挖掘新能源机组的调频能力。新能源机组主要可以分为双馈感应风机、永磁直驱风机和光伏机组三类。针对双馈风机，现有研究提出多种方法，比如可以利用双馈感应风机为系统提供惯量，能量来自风机转子动能和并联在风机内两个换流器之间的超级电容等。针对永磁直驱风机，现有研究提出了一种模型预测控制方法，对减载风机进行转矩补偿，以应对负荷或风速变化带来的有功扰动等。针对光伏机组，现有研究为光伏机组设计了一种综合下垂控制和惯性控制的控制策略，在正常运行时，光伏机组减载运行，留出用于调频的功率调节裕度等。

为了应对大规模新能源并网对电力系统频率稳定的影响，从而保证电力系统安全稳定运行，世界各国针对新能源参与系统调频提出了新的要求和准则。在加拿大，魁北克省电网规定，额定容量超过 10MW 的风电场必须配有频率控制系统。对于低频扰动事件，风电机组需提供短暂的额外有功支撑，且额外有功支撑至少维持 9s、最大值至少超过 6%额定容量。对于高频扰动事件，风电机组需永久减少输出有功，且保证下垂系数在 0%～5%可调。在我国，电力监管部门同样针对风电参与系统调频提出了相关准则和要求。在 2022 年 3 月实施的《风电场接入电力系统技术规定第 1 部分：陆上风电》（GB/T 19963.1—2021）中，明确了风电场参与系统调频的技术方式，即风电场应具备惯性响应和一次调频能力。在 2022 年 5 月实施的《并网电源一次调频技术规定及试验导则》（GB/T 40595—2021）中，针对新能源场站参与一次调频提出了技术规定，其中包括一次调频死区、一次调频限幅、一次调频调差率和一次调频动态性能等。强制性国标《电力系统安全稳定导则》（GB 38755—2019）中也要求电源应具备一次调频功能。新能源场站参与一次调频已是当前重要趋势。相比较常规机组的一次调频方式，新能源一次调频响应速度快、精度高、控制灵活、调节成本低；但新能源发电外特性受环境影响，最大功率跟踪等运行方式使得新能源调频的约束条件复杂，在调频方案、参数等设计不合理时，对调频性能的影响巨大。当前，新能源一次调频的触发门槛较高，以陕西省新能源场站为例，尽管具备一次调频功能，2022 全年风电场站零动作、光伏电站仅动作 12 次（火电机组动作大于 5 万次），贡献电量为同装机容量火电机组的万分之八。此外，受最大功率跟踪运行方式影响，目前新能源一次调频基本不具备功率上调能力，因而有必要降低新能源调频的触发门槛，提升对电网频率的主动支撑能力。

在负荷侧，可以让负荷主动响应系统频率变化，或者通过低频减载等稳控措施保证系统稳定。针对这一问题，学者们提出多种控制策略，例如：建立了集群温控负荷模型，并基于该模型设计了一种集群温控负荷参与低频减载的需求侧响应策略；利用多目标优化方法改进最优负荷控制，以改善系统频率响应特性；利用智能变电站调节电压，改变负荷大小参与一次调频等。

电力系统由"源网荷储"四者组成。因此，除了电源和负荷以外，"网"和"储"也是提高高比例新能源电力系统频率调节能力不可忽略的两个重要环节。在"网"侧，可以将异步电力系统互联，共同抵御功率扰动。在"储"侧，可以利用储能电站为系统提供调频服务，提高系统频率稳定性。

在"网"侧关键技术中，基于电压源型换流器的多端柔性直流输电技术（VSC－MTDC）具有良好的应用前景，是电网消纳可再生能源的重要技术手段。利用 VSC－MTDC 异步联网可以隔离交流系统之间故障的传递，并且在各区域电网之间自由调度电力潮流。因此，采用 VSC－MTDC 异步互联的电网结构越来越受到电力工程界的推崇。传统控制方式（如主从控制、裕额控制和直流电压下垂控制）下的 VSC－MTDC 在隔离交流故障传递的同时，也断开了交流系统之间的频率联系。为此，学者们提出各种基于 VSC－MTDC 的新型控制策略，以提高交流系统频率稳定性。例如针对海上风电送出 VSC－MTDC 系统，提出了一种双级控制策略来为陆上电网提供频率支撑，包括风机的设备级控制策略和多端柔直系统的系统级控制策略。根据前人的研究成果可知，VSC－MTDC 参与系统调频的控制方法主要有三种：虚拟惯量控制、下垂控制和自适应控制。针对不同的应用场景，三种控制方式各有优缺点，难以互相取代。

在"储"侧关键技术中，电池储能系统（BESS）具有响应速度快、控制精准等特点，近年来受到学者和工程界的广泛关注。充分发挥 BESS 响应速度快、运行方式灵活的优势，可以改善系统频率响应特性，减轻传统机组有功备用压力。基于此，学者们提出了多种方法，例如为 BESS 参与一次调频提出了一种两阶段协调优化控制策略，该策略在第一阶段考虑了多个 BESS 在调频过程中的出力优化，在第二阶段考虑了 BESS 荷电恢复过程的优化问题等。类似的，BESS 也可以采用虚拟惯量控制、下垂控制或自适应控制等多种控制方式。相较于 VSC - MTDC，BESS 参与调频不仅要考虑控制方式的选择，还要考虑 BESS 的荷电状态。

3.4　多电源运行特性耦合对电力系统暂态功角稳定的影响分析与控制

3.4.1　暂态功角稳定分析

功角稳定指电力系统受到扰动后，系统内所有同步电机保持同步运行的能力。风机、光伏等通过电力电子器件并网，本身不存在功角稳定问题，系统受到扰动期间，基于电力电子的新能源电源呈现出与传统同步发电机组不一样的动态特性，相当于向系统注入了新的扰动，所以高比例新能源接入电网会影响电网的功角稳定。

暂态功角稳定性的常用分析方法具体包括半张量积方法、人工智能、时域仿真法等。

1. 时域仿真法

此种方法通过对系统微分代数方程组的求解，获取时间改变同时系统代数量、状态量的变化轨迹。时域仿真法被运用于传统交流电力系统时，往往基于发动机的功角差最大值来明确系统暂态稳定性。在众多评估方式中，时域仿真法往往最为可靠，能够实现相对复杂的系统控制策略、模型等，多被运用于检验其他相关分析方法，并以此作为标准。虽然此种方法存在诸多优势，但也存在一定不足：其一，动态方程对应的数值积分相对缓慢，且计算量也将在系统状态变量阶数提高的同时而持续增加，计算速度难以令在线监控的需求得到满足；其二，无法提供与系统整体稳定程度相关的信息，难以完成稳定机理的探究。对比传统交流电力系统，电力电子化电力系统时域仿真法暂态分析与之存在如下不同：暂态过程偏快、动作频率过高，即电力电子开关的主要特点，系统拓扑将因开关的多次动作而突变。所以，探究在电力电子化电力系统内适用的模型、模型求解方式，且将仿真速度、精度纳入考虑范围，即是在系统内有效运用时域仿真法的核心所在。此外，如此前叙述，两类系统在暂态稳定性方面存在明显的体现差异，因此通过寻找暂态失稳，也将有效减少本方法的积分时间。

2. 暂态能量函数法（直接法）

此种方法即暂态能量函数法，通过对暂态能量函数的构造，并对比系统可吸收的暂态能量的最大值，即可对系统整体暂态稳定性进行判断。此种方法不仅可定性的进行系统稳定性的判断，也将获取稳定裕度，最终用于对暂态稳定性的定量分析。就传统交流电力系统来看，计算临界能量，即计算吸引域边界，属于本方法最为困难的步骤，多会运用持续故障、最近不稳定平衡点法等方法。从本质上来看，电力系统属于非线性系统且较为复杂，为令分析变得更为简化，可首先分解大系统为多个低阶子系统，以此对大系统吸引域进行估计。将降阶能量函数运用于电力系统的典型方法主要包括时间尺度解耦法、拓展等面积法等。

在传统交流电力系统内运用直接法，并用于分析暂态稳定性，目前已被运用于实际工程之中。而在电力电子化电力系统内运用此种方法，则需要重点关注如下两大问题：其一即使能量函数的构造恰当；其二即如何估计吸引域。对比两类系统，电力电子化电力系统带有如下特点：状态变量具有较高阶数、非线性突出、暂态过程速度快等。因此若在分析暂态稳定性时运用直接法，将随之面对极大挑战。即便并未对新能源具备的波动特性进行考虑，在组合运行电力电子交流器后，也将形成较为复杂的系统模型。如何基于系统基本特点，并令分析过程变得更为简单，是直接法运用的核心所在。

3. 人工智能方法

在效率提升方面，人工智能、数据挖掘的优势较为突出，在针对电力系统分析暂态稳定性方面，多用于预处理数据以及后处理等工作。人工智能被运用于分析暂态稳定性时，基于被处理完毕的样本，探寻稳定指标、状态参数对应的映射关系。以时域仿真法处理完数据后，离线状态下训练分类器模型，此后再结合（wide area measurement system，WAMS）取得全新状态参数，针对此种状态的系统开始分析暂态稳定性，此种方法具备迅速直观等特性。

因系统带有如下特点：状态变量具有较高阶数、非线性突出、暂态过程速度快等，导致理论分析存在一定问题。所以，在系统中运用人工智能方法，并在线分析暂态稳定性，其优势往往较为显著。但此种方法也面临如下缺陷：因系统具有不确定性、复杂性等特点，导致难以准确建模。若实际与预设数据不符时，分析结果以及稳定指标将存在明显差异。另外，此种方法难以对系统失稳机制进行探究，若系统出现改变，需重设全部数据，因此往往难以在工程中实现。

4. 其他方法

除以上方法以外，也可在分析系统暂态稳定性时运用半张量积、逆轨迹法。其中，后者往往考虑趋近于稳定的区域以及边界上的点集，通过逆向积分上述点获取逆轨迹，以此集合完成对稳定边界的估计。运用此种方法时存在如下问题：无法针对全部边界上的点开展逆向积分。另外，为确保精确度，在状态变量阶数增大的同时，边界点集数量将呈现出指数增长。所以，此种方法仅在低阶系统中适用，不具备普适性。

半张量积方法，即在非线性系统中运用多元多项式半张量积，以便直接判断稳定性。此种方法的突出优势是，无需针对系统构造暂态能量函数，可针对系统自动形成稳定性判断，且可针对吸引域边界获取近似求解。然而，因以半张量积方法为基础的稳定域边界近似方法往往会面临系统维数的制约，当前难以被运用于大规模电力系统内。当前，此种方法均只适用于不具备较高状态变量阶数的系统内，如何在大规模系统内拓展则是在电力电子化电力系统中运用上述两种方法，并分析暂态稳定性的关键所在。

3.4.2　暂态功角稳定控制

在现代电力系统中，多电源接入已成为常态，不同类型电源的运行特性差异显著，其耦合作用对电力系统的暂态功角稳定产生了极为复杂的影响。暂态功角稳定关乎电力系统在遭受大扰动后能否保持同步运行，是保障电力系统安全可靠运行的关键问题。随着新能源电源大规模接入以及电力系统规模的不断扩大和结构的日益复杂，深入研究多电源运行特性耦合下的暂态功角稳定控制具有重要的现实意义。

3.4.2.1　传统控制策略

1. 自动励磁调节

（1）原理与作用：自动励磁调节器（automatic voltage regulation，AVR）通过调节同步发电机的励磁电流，改变发电机的输出无功功率，进而调整发电机的端电压和电磁功率。在暂态过程中，其快速响应特性至关重要。当系统受到扰动导致发电机功角增大时，AVR 迅速增大励磁电流，提高发电机的电磁功率。根据发电机的功角特性曲线 $P_e = E_q U \sin \sigma / X_d$（其中：$P_e$ 为电磁功率，E_q 为发电机空载电动势，U 为系统电压，σ 为功角，X_d 为发电机直轴电抗），增加 E_q 可使电磁功率增大，从而抑制功角进一步增大。例如，在系统发生短路故障时，发电机端电压下降，AVR 检测到电压变化后，快速增加励磁电流，维持发电机的电压水平，增强系统的暂态稳定性。

（2）控制方式与特点：常见的 AVR 控制方式有比例积分（proportional integration，PI）控制、比例积分微分（proportional integration differention，PID）控制等。PI 控制简单可靠，能够有效地消除稳态误差，但在动态响应速度方面存在一定局限性。PID 控制则综合了比例、积分和微分的作用，能够在提高动态响应速度的同时，减小超调量，具有更好的控制性能。然而，传统的 AVR 控制方式在面对复杂的多电源系统时，可能无法充分适应系统运行状态的快速变化，需要进一步改进。

2. 电力系统稳定器（power system stabilizer，PSS）

（1）工作机制：PSS 作为附加控制环节，通过引入与发电机转速或频率相关的信号，产生附加的励磁控制信号，以抑制电力系统的低频振荡，提高暂态功角稳定。其基本原理是利用电力系统在振荡过程中发电机转速或频率的变化，产生一个与振荡同相位的附加转矩，来补偿由于励磁系统惯性等因素引起的负阻尼。例如，当系统发生低频振荡时，发电机转速出现周期性变化，PSS 检测到转速偏差信号后，经过适当的相位补偿和放大，输出一个附加的励磁控制信号，改变发电机的电磁转矩，从而抑制振荡。

（2）参数整定与优化：PSS 的参数整定对其控制效果至关重要。合理的参数设置能够使 PSS 在不同的系统运行工况下都能有效地发挥作用。常用的参数整定方法有基于特征值分析的方法、遗传算法、粒子群优化算法等。通过这些方法，可以根据系统的具体参数和运行要求，优化 PSS 的参数，提高其对电力系统低频振荡的抑制能力。例如，利用遗传算法对 PSS 的参数进行优化，以系统的阻尼比最大为目标函数，经过多次迭代计算，得到最优的 PSS 参数，能够显著改善系统的动态性能。

3.4.2.2 针对多电源系统的新型控制策略

1. 基于广域测量系统（WAMS）的协调控制

（1）技术原理与架构：WAMS 利用全球定位系统（global positioning system，GPS）技术，实现对电力系统全网实时同步测量。它通过分布在电力系统各个节点的相量测量单元（phasor measurement unit，PMU），采集节点的电压、电流相量以及功角等信息，并通过高速通信网络将这些信息传输到主站。在多电源系统中，基于 WAMS 获取的全网实时信息，可设计协调控制策略。其架构包括 PMU 子系统、通信子系统和主站控制系统。PMU 子系统负责数据采集，通信子系统确保数据的快速可靠传输，主站控制系统则根据采集到的数据进行分析和决策，对不同电源的控制装置进行统一调度。

（2）控制策略实施：当检测到系统某区域出现暂态功角不稳定趋势时，主站控制系统通过 WAMS 向该区域的新能源电源变换器和同步发电机的励磁调节器发送协调控制指令。例如，在某区域电网发生故障后，WAMS 检测到该区域内同步发电机的功角快速增大，且风电出力出现异常波动。主站控制系统立即向风电变流器发送指令，调整风电的输出功率，同时向同步发电机的励磁调节器发送信号，增大励磁电流，通过两者的协同作用，共同维持系统的暂态功角稳定。一些实际工程应用案例表明，基于 WAMS 的协调控制策略能够显著提高多电源系统的暂态稳定性。

2. 储能系统辅助控制

（1）储能技术特性与应用：储能系统具有快速充放电特性，能够在系统暂态过程中快速调节功率。常见的储能技术有锂离子电池储能、铅酸电池储能、抽水蓄能等。锂离子电池储能具有能量密度高、响应速度快等优点，在电力系统暂态功角稳定控制中具有广泛的应用前景。抽水蓄能则具有容量大、寿命长等特点，可在系统中发挥调峰、填谷以及暂态功率支撑等多种作用。例如，在风电大发时段，若系统突然出现负荷突减，锂离子电池储能系统可迅速吸收多余的风电功率，防止同步发电机因功率过剩而加速，维持功角稳定。抽水蓄能电站在系统发生故障时，可快速启动，向系统提供有功功率支持，缓解功率缺额，提高系统的暂态稳定性。

（2）控制策略设计：针对储能系统辅助控制的策略设计，需要考虑储能系统的充放电特性、寿命以及与其他电源的协同作用。一种常见的控制策略是基于功率偏差的控制方法，即根据系统实时的功率偏差，计算储能系统需要充放电的功率。当系统出现功率过剩时，储能系统充电；当系统出现功率缺额时，储能系统放电。同时，为了延长储能系统的寿命，还需要考虑充放电深度和充放电速率的限制。通过优化控制策略，能够充分发挥储能系统在多电源系统暂态功角稳定控制中的作用。

3.4.2.3　控制策略的改进方向

1. 基于人工智能的自适应控制

（1）人工智能算法应用：考虑到新能源电源的随机性和波动性，控制策略应具备更强的自适应能力。神经网络、模糊控制等人工智能算法可对系统的运行状态进行实时学习和预测。以神经网络为例，可采用多层感知器（multilayer preception，MLP）或递归神经网络（recursive neural network，RNN）构建电力系统暂态功角稳定预测模型。通过大量的历史数据对神经网络进行训练，使其能够学习到系统运行状态与暂态功角稳定性之间的复杂映射关系。在实际运行中，神经网络根据实时采集的系统数据，预测系统的暂态功角稳定情况，并根据预测结果自动调整控制参数，优化控制策略。例如，当预测到系统可能出现暂态功角不稳定时，自动调整自动励磁调节器和 PSS 的参数，提前采取控制措施，提高系统的稳定性。

（2）自适应控制优势：与传统的固定参数控制策略相比，基于人工智能的自适应控制策略能够更好地适应多电源系统运行状态的快速变化。它能够实时跟踪新能源电源出力的波动以及负荷的变化，根据系统的实际情况自动调整控制参数，使控制策略始终处于最优状态。这种自适应能力能够提高系统的暂态稳定性和可靠性，减少因系统运行状态变化导致的控制失效风险。同时，人工智能算法还具有较强的容错能力，能够在一定程度上处理数据噪声和不确定性，提高控制策略的鲁棒性。

2. 分布式控制架构发展

（1）分布式控制原理：多电源系统的复杂性使得传统的集中式控制方式在信息传输和决策速度上存在局限性。未来可发展分布式控制架构，将控制功能分散到各个电源节点和关键设备上。在分布式控制架构中，每个节点都具有一定的自主决策能力，能够根据本地采集的信息和与其他节点的通信信息，做出相应的控制决策。各节点通过通信网络进行信息交互和协同控制。例如，在一个包含多个风电场、光伏电站和同步发电机的多电源系统中，每个风电场和光伏电站的控制器以及同步发电机的励磁调节器都作为一个分布式控制节点。当系统发生扰动时，各节点根据自身测量的信息和与相邻节点的通信信息，独立调整控制策略，同时通过通信网络与其他节点进行协调，共同维持系统的暂态功角稳定。

（2）优势与挑战：分布式控制架构具有诸多优势。首先，它能提高控制的实时性，由于每个节点都能快速根据本地信息做出决策，避免了集中式控制中信息传输到中心控制器再返回的时间延迟。其次，分布式控制架构降低了系统对中心控制器的依赖，增强了系统的鲁棒性。即使某个节点出现故障，其他节点仍能继续工作，维持系统的基本运行。然而，分布式控制架构也面临一些挑战，如通信网络的可靠性、节点之间的协调一致性以及控制算法的复杂性等。需要进一步研究有效的通信协议和协调控制算法以解决这些问题，推动分布式控制架构在多电源系统暂态功角稳定控制中的应用。

3. 多策略协同优化

（1）协同控制体系构建：加强不同控制策略之间的协同优化是提高暂态功角稳定控制整体效果的重要方向。可将自动励磁调节、PSS、基于 WAMS 的协调控制以及储能系统辅助控制等多种策略有机结合，形成一体化的控制体系。例如，在系统正常运行时，自动励磁调节和 PSS 主要负责维持发电机的电压和抑制低频振荡；当系统出现扰动时，基于 WAMS 的协调控制策略启动，根据全网实时信息对各电源进行统一调度，同时储能系统辅助控制策略发挥作用，快速调节功率，弥补功率缺额或抑制功率过剩。通过这种多策略协同优化，充分发挥各自的优势，提高暂态功角稳定控制的效果。

（2）优化算法与仿真验证：为了实现多策略协同优化，需要采用有效的优化算法。例如，可利用多目标优化算法，以系统的暂态功角稳定裕度最大、控制成本最小等为目标函数，对不同控制策略的参数进行优化。通过仿真软件，如 PSCAD/EMTDC、MATLAB/Simulink 等，建立详细的多电源电力系统模型，对优化后的协同控制体系进行仿真验证。在仿真过程中，模拟各种故障场景和运行工况，评估协同控制体系的性能，根据仿真结果进一步调整优化参数，确保协同控制体系在实际应用中能够有效地提高多电源系统的暂态功角稳定性。

（3）多电源运行特性耦合对电力系统暂态功角稳定的影响极为复杂，不同电源的动态特性差异、新能源接入以及电源间的功率耦合都给暂态功角稳定带来了新的挑战。现有传统控制策略在多电源系统中存在一定的局限性，而新型控制策略如基于 WAMS 的协调控制和储能系统辅助控制虽取得了一定成效，但仍有改进空间。未来，通过引入人工智能实现自适应控制、发展分布式控制架构以及加强多策略协同优化等方向，有望进一步提高多电源系统暂态功角稳定控制的水平，保障电力系统的安全可靠运行，为电力系统的可持续发展奠定坚实基础。在后续研究中，还需结合实际工程应用，深入开展理论研究和实践探索，不断完善暂态功角稳定控制策略，以适应日益复杂的多电源电力系统发展需求。

3.5　多电源运行特性耦合对电力系统调峰的影响分析与控制

在我国政策的大力引导下，"十四五"期间，可再生能源将继续呈高速发展态势，调峰问题仍然是影响电力系统可再生能源消纳的核心因素，因此也将贯穿整个"十四五"期间。随着调峰需求不断增加，电网调峰策略发生转变，新一轮电改为电力系统调峰提供了新思路。目前，电网调峰服务中仍然存在很多问题，例如电源侧、储能调峰经济性差，用户侧调峰机制不成熟等。同时，随着电网负荷峰谷差不断增大，电力系统的发电效率和稳定性受到的影响也愈发显著，单纯靠传统的发电侧机组调峰已无法满足现今所提倡的安全、经济、清洁调峰的需求，将配电侧调峰资源纳入电网调峰调度优化范畴和研究领域已成为必然趋势。如何有效利用配电系统内分布式能源、储能装置和各类负荷间的互动来解决电网调峰需求，增强可再生能源的消纳率，提高配电系统运行的经济性，提升电力系统的安全性，是未来智能电网运行控制面临的重大挑战。

3.5.1　电力系统源—网—荷参与调峰现状

1. 电力系统源侧参与调峰现状

煤电灵活性改造是现代电力系统提高调节能力的现实选择。国外许多国家已经开展了火电灵活性改造，以德国、丹麦为例，纯凝火电机组调峰能力可达75%和80%。火电机组各种灵活性提升经验已被欧洲各国所借鉴，西班牙根据电力市场电价变化，利用灵活的运行方式将煤电机组收益提高了 20%～50%，同时也使得弃风比例明显下降。近 20 年内，丹麦火电机组灵活性改造分为 3 个阶段，火电机组的作用已从基荷机组过渡到了负荷跟随机组。初期，电力市场化带来的价格波动直接促进火电灵活运行方式的转变，典型的改造措施是拓展煤电运行范围；20 世纪 90 年代初，为适应电力市场改革和现货市场的发展，火电机组盈利模式发生了根本改变，主要的改造措施包括提高调节速率、优化机组低负荷效率等；2010 年后，火电机组的灵活性价值被逐步认可，对机组变工况的研究逐渐深入，主要的改造措施包括缩短启停时间、增添汽轮机全部旁路等。

目前，我国的电源结构仍然以火电为主，但其调峰能力普遍只有 50%左右。为了促进调峰火电机组积极参与深度调峰服务，鼓励发电企业进行煤电改造，我国各地区相继实施了调峰辅助服务机制，国家能源局东北监管局出台《东北电力辅助服务市场运营规则》，该规则明确了火电深度调峰补偿细则，当火电机组处于深度调峰状态时，根据调峰深度，采用阶梯型补偿机制，对处于不同供热期、不同调峰深度的火电机组给予相应补偿。现阶段，我国针对火电灵活性改造主要围绕机组快速启停、提升爬坡速率、降低最小出力三个方面。其中，降低最小出力，增大系统向下调峰空间是目前最广泛的改造目标。

2. 电力系统荷侧参与调峰现状

随着电力系统中柔性负荷比例不断增加，负荷侧管理被认为是缓冲电力市场供需不平衡的有效工具。与此同时，持续增长的负荷需求带来的不确定性影响愈发不容忽视，电网调峰形势愈加严峻。而柔性负荷调度具有优化用户负荷曲线、降低电网峰谷差、减少发电机组出力和促进新能源消纳等优点，将其应用到电力系统调度问题中十分具有研究价值。充分发挥需求侧可调节负荷的灵活性优势，利用需求侧响应，可提升电网负荷侧调峰能力。自 1980 年以来，关于负荷管理的研究陆续展开，包括美国在内的许多国家在用户端配备了远程计量系统，根据公共事业公司提供的实时动态能源零售价格，动态管理用户消费，也可以通过控制智能电器，例如加热、冷却、照明等，以降低总体峰值功率需求。

负荷侧用电功率的大小和时间可调节性强，灵活性高，蕴含巨大的调峰潜质，将负荷侧可调节资源引入电网调度中是目前电力系统调峰的迫切需求。另外，随着市场化改革不断推进，需求侧可调节资源参与市场交易的渠道拓宽，引导电网调度模式从"源随荷动"转型为"源、网、荷、储协同互动"，对有效缓解电网调峰压力具有重要意义。

3. 电力系统储能参与调峰现状

电网中发电与负载必须始终保持动态平衡，随着变量不断地增加和变化对网络的影响越来越大，电网运营商拥有有限的资源来维持这种动态平衡。储能具有支撑供需双侧动态匹配的作用，如果部署得当，可以为电网运营商提供灵活、快速响应的资源，以有效管理发电量和需求量的变化。储能技术若能实现低成本、大容量、高可靠性、长时间运行，未来将会在电网多个环节中得到大规模普及，成为电网调峰的有力调控手段。

截至目前，国内外已陆续出台了相关政策、签署工程项目，鼓励电储能的普及应用。2019 年 9 月，美国洛杉矶低价签署了一项关于太阳能与储能的协议，该协议承诺到 2045 年洛杉矶实现 100%可再生能源发电。2018 年，在南澳大利亚，100MW 的特斯拉电池已投入运行。2016 年我国能源局将"三北"地区作为电储能参与调峰辅助服务市场机制的试点，鼓励各集中式新能源发电地区规划配置储能设施，协调各类能源的优化运行。2020 年 5 月 28 日，国内第一个铅碳式电网侧储能电站倒送电成功，该电站储能电量达到 24MWh，可在负荷低谷时期连接电网进行充电，高峰时期放电弥补电网用电缺口。

目前，针对储能参与电网调峰运行的理论研究，已有国内外学者从储能的容量配置和运行控制方面做了大量探索，为储能辅助电网调峰提供理论支撑，例如基于年调峰不足概率和年调峰费用经济性指标，提出了一种储能装置分别在火电机组不同调峰阶段优化组合的调峰方法。近年来，电储能技术高速发展，技术成熟度与经济性不断提高，当电力系统储能容量达到一定规模后，电网通过对其有序控制与调控，不仅可以实现新能源的随地消纳，也可作为电网中一种可观的调节资源。

3.5.2　区域可调资源潜力分析及评估现状

1. 源侧参与调峰潜力

（1）风储联合系统。近年来，系统调峰的安全性和经济性由于风电开发及并网规模的持续扩大受到严重影响，风电全部并网并消纳也因为风电在出力方面的不确定性而面临着严峻挑战，例如风电并网比例高的电力系统，存在因风电大量投入备用，系统调峰成本陡增等不利因素，可达到 15%左右。风力发电机发出的功率具有不确定性，这也成为调度人员在制定运行情景时的一大难题。为有效控制风电出力的波动性，通常从以下两个方面采取措施：一方面可以考虑适当配置储能，通过储能装置的充放电补偿使风力发电的输出完全可控；另一方面可以通过风电功率预测技术，提前预知未来的风电出力情况，合理地安排旋转备用容量，以达到提高系统调峰经济性的目的。在负荷低谷阶段，将过剩部分的风电储存起来，待高峰负荷时再释放电能，以提高电力系统中风电的消纳能力，从而提高整个电力系统的能效。在冬季枯水期，引入水电—风电系统间联合调峰策略。该策略是以月为决策周期、以周为时间间隔、滚动决策的风险规避型联合调峰运行策略。

（2）光储联合系统。光热发电是将光能转化为热能，通过热功转化过程发电的技术。光热发电站具有发电功率相对平稳可控、运行方式灵活、可进行热电并供等优势，同时具有良好的环境效益。

2. 需求侧响应潜力

在需求侧响应潜力评估上，许多学者提出了考虑负荷用电统计特性的需求响应潜力量化评估方法。该方法依据电力需求—价格弹性系数来对电价水平以及在激励政策下用电客户对电力的需求进行了量化；并结合行业负荷特性统计模型，对不同类型的用电客户的负荷响应范围进行了分析；同时对需求响应的潜力进行量化；在实时电价情况下，分析了基于用户用电满意度所构建的需求侧响应调控策略对用户用电行为的影响。上述研究仅仅分析了需求响应潜力的影响因素，但对居民用户的调峰潜力的量化指标并未提及。当对居民用户参与需求响应活动的效果进行考虑时，应多维度的考虑对其效果产生影响的指标因素，并分析不同的激励机制对其活动效果的影响程度。目前国内外对潜力评估方法已有一定研究，包括神经网络模型、灰色预测模型和参数对比法、学习曲线法、投入产出分析法等。

3. 系统调峰潜力评估方法

近年来，系统调峰评价研究工作不断取得新的突破，一方面是引入新的研究成果，如信息论、系统论等；另一方面，新思想和新方法也在多样化方法的综合与交叉中产生，进而为区域系统调峰能效评价工作的顺利开展提供新思路。目前，系统调峰评价研究方法主要分为以下几类：

（1）基于系统模拟和仿真的评价方法。基于系统模拟和仿真的评价方法是目前较为常见的评价方法之一，其特点是引进动态时间概念，并融合反馈控制理论和模拟手段，采用计算机仿真模拟形成过程分析与评价结果。复杂网络模拟、蒙特卡罗法、基于系统动力学的评价法等均是当前主要的系统仿真方法。

（2）模糊熵综合评价方法。熵概念在信息论中是一个非常基本并有重要内涵的名词，概率分布的不确定性程度可以用它来描述。将熵概念延伸运用到模糊集理论，建立模糊熵概念，则可以用它描述一个模糊集的模糊程度。美国学者 L.A.Zadeh 教授于 1965 年建立模糊集理论，并在 1968 年首次提出了模糊集的"熵"概念。1972 年 Termini 和 DeLuca 做出了开创性的工作，提出有限集上模糊熵的公理化定义，并模仿信息论中 Shannon 熵给出了第一个模糊熵公式，基于 DeLuca – Termini 的定义，一些学者给出了很多模糊熵的公式。

（3）AHP 评价方法。层次分析法（analytic hierarchy process，AHP）是 20 世纪 70 年代，由美国著名的运筹学家 Satty 等人提出的一种将定性和定量分析相结合的多准则决策方法。其求解主要步骤是：

1）深入分析待决策问题的内在关系，以及各自的本质和影响因素；

2）在此基础上，创建层次结构模型；

3）在定量信息较少的情况下，运用数学化的思维进行决策；

4）就多目标、多准则或无结构特性的复杂问题，基于定量数学信息做出决策，在此基础上进行定性和定量分析的一种决策方法。

（4）ANP 评价方法。网络分析法（analytic network process，ANP）是基于层次分析法的一种使用决策方法，它是在 AHP 的基础上进行拓展，由 Thomas L. Saaty 于 1996 年在 AHP 方法基础上提出，以网络的形式表现，且网络中的元素可互相产生影响，AHP 是 ANP 的一种特例。ANP 方法则可以弥补 AHP 方法的缺陷，它在考虑递阶层次结构存在内部循环的同时，也对层次结构之间存在依赖性和反馈性的特点进行了考虑。ANP 由两大部分系统元素组成，分别为第 1 部分控制元素层和第 2 部分网络层，控制层具体包括问题目标及决策准则，假设所有的决策准则是彼此孤立的，且只有受目标元素的支配；所有控制层支配的元素组成网络层，并且元素之间具有相互依存与支配的特点。ANP 评价法克服了 AHP 评价法中假设与实际决策问题有背离的弊端，在理论上允许决策者考虑复杂动态系统中各要素的相互作用，从而更符合实际情况。

（5）属性识别理论方法。在 20 世纪 90 年代，中国著名学者程乾生教授提出属性识别模型，主要用于解决有序分割问题，成效显著。通过定义相应的属性空间，可将电力系统调峰方案的优劣评估问题转化为构建一有序分割问题，进而采用属性识别模型予以求解。目前，熵权属性识别模型主要应用于空气质量评价、海水入侵现状研究、岩土稳定性测量、评估等环境科学领域，在电力系统能效评价方面鲜有应用。

4 大电网安全风险分析与控制技术

4.1 大电网稳定分析与控制

高比例新能源电力系统的惯量降低、调频备用容量不足和扰动功率提升等新特征，是导致大电网稳定问题突出的重要原因。以风电、光伏为主的新能源装机和电量占比逐渐升高，常规同步机组的并网比例被压缩，由同步机提供的旋转惯量相对降低。新能源通过电力电子接口接入电网，不自动参与同步机转子主导的机械—电磁功率的耦合，响应特性由控制策略决定，而常规控制策略的新能源机组不具有惯量响应能力。大规模新能源基地电力的远距离输送通过特高压交直流线路实现，特高压直流核心设备主要由半控型电力电子器件构成，其过载能力低、抗扰动能力差；单回线路输送容量提高，发生单一线路故障时不平衡功率冲击量变大，系统面临的功率冲击频次和规模提升，带来的一系列稳定问题威胁电网安全。

2021 年 11 月 12 日，华东电网某 1000kV 线路故障跳闸导致包括复奉、雁淮、锡泰和吉泉直流在内的 7 回馈入直流同时换相失败，直流总功率波动超过 10GW，且故障影响快速传导至华北、华中、西北和西南电网等直流送端电网。2015 年 9 月 19 日，锦苏直流发生双极闭锁，受端华东电网损失功率 4900MW，频率最低跌至 49.56Hz，经过 221s 后恢复至 49.8Hz，给大电网安全运行敲响了警钟。随着绿色低碳能源发展战略的实施，大规模新能源通过特高压直流输送至负荷中心将成为未来跨区输电的主要模式。分析新型电力系统中各类稳定问题并及时采取有效措施，是保障电网安全稳定运行的重要基础。

4.1.1 大电网稳定问题

功角稳定问题。在新型电力系统中，随着特高压直流规模增大，功角稳定问题重新成为约束送端电网运行的重要因素。任何一种类型的特高压直流大扰动均会在送端电网产生盈余能量，大部分暂态能量会转化为同步发电机的转子动能，引起发电机转子加速。从物理上看，若直流大扰动期间集聚的加速能量不能被电网所能提供的减速能量平衡掉，将会导致机群间暂态功角失稳，尤其是与主网弱联系的直流送端地区的暂态功角稳定问题更为突出。

频率稳定问题。传统电力系统中，一次调频控制以传统同步机为主，一方面，调频备用容量随着新能源占比提高而相对降低；另一方面，风电和太阳能发电具有较强的波动性和不确定性，通常由传统电源提供的备用容量平抑。但是随着新能源占比升高，传统电源可提供的调频备用容量被压缩；同时，特高压直流快速发展，特高压直流在大功率运行方式下发生闭锁将对送、受端电网频率造成较大冲击。对于送端电网，大功率盈余会导致系统频率升高；对于受端电网大功率缺额会导致系统频率降低。随着特高压直流规模和新能源接入量持续增加，直流闭锁导致的电网频率问题愈发凸显。

过电压问题。特高压直流在换相失败过程中，至闭锁前，极控系统尚未动作切除整流站内的无功补偿装置，由于直流传输有功功率中断，换流器消耗的无功功率大幅降低，整流站盈余的大量无功功率向交流系统倒送，会导致换流站及近区出现暂态过电压。当特高压直流发生换相失败或线路故障再启动，直流传输有功功率短时中断，也会在送端出现暂态过电压。暂态过电压会导致设备有损坏风险。在新型电力系统中，尤其对于"风火打捆"外送和高比例新能源外送系统，直流发生换相失败后，直流电流和触发角迅速增大，换流器无功消耗激增，造成换流站及近区出现暂态低电压，引起风机进入低电压穿越，风机有功出力大幅减少、无功出力大幅增加，叠加上换流站盈余无功引起的过电压，风电场侧的暂态过电压水平会进一步抬升。若暂态过电压超过风机变流器耐压限值将导致风机脱网甚至连锁脱网，严重影响电网安全运行。

4.1.2　稳定风险防御措施

新型电力系统中的功角稳定问题主要由特高压直流及其近区交流系统的相关故障引起。因此，优化直流控保策略能够有效提升系统功角稳定水平。目前在运直流均配置了换相失败保护，其动作出口时间一般根据交流系统故障最长切除时间和直流设备耐受能力来整定。对于特高压直流来说，若仅依靠换相失败保护动作闭锁直流，送端电网将承受连续 10 余次大功率冲击，远超交流网络承受能力。为防止送端电网发生功角振荡，在特高压直流控保中专门配置了换相失败加速段保护。极控在检测到双极连续发生换相失败的次数达到送端电网可承受的功率冲击最大次数后，立即闭锁直流，其具体策略可根据不同的直流输送功率水平来整定。采用换相失败加速段保护可避免直流送端电网交流联络线遭受长时间的功率冲击。此外，为减小直流双极再启动对交流联络线的冲击，工程上对特高压直流再启动逻辑采取的优化措施为：先发生线路短路故障的极正常执行再启动功能，同时封锁后发生线路短路故障的极的再启动功能，并且直接闭锁该极。采用该措施大幅减少了直流再启动对联络线的暂态能量冲击，从而有效提升了送端交流网络的功角稳定水平。

对于频率稳定问题，目前主要依靠稳控装置控切机组、负荷来应对特高压直流故障后果。对于新能源渗透率逐渐升高的新型电力系统频率稳定，优化新能源调频控制策略，挖掘新能源发电单元调频潜力是主流的工作思路。准确的系统暂态频率稳定分析是相关工作开展的重要基础，目前存在以下挑战。

（1）相对于同步机，新能源机组功率小，提供同等发电量所需的新能源机组数量远多于同步机数量，这将导致系统频率分析中动态节点数量的大幅增多。新能源发电节点的控制环节复杂，阶数高、多为非线性环节，会大幅增加描述系统频率动态过程所需状态量的维度和非线性因素，导致所需微分方程的数量和复杂度大幅增加，对频率稳定分析产生重要影响。具体表现为，使时域仿真法的模型搭建工作量和计算时间大幅提高，使基于网络—节点模型的直接分析法的网络阶数更多、节点模型复杂度更高；非线性环节不具有齐次性和可叠加性，聚合等效模型使用时势必要进行近似，影响其准确性；而以数据驱动法为代表的黑箱模型会因新能源机组的大幅增加而更难以集中准确获取系统的全状态数据信息，且系统拓扑及运行方式变化的可能性更大，使其训练结果的失效风险增加。控制量大幅增多，则增加了集中控制的输出通信负担。

（2）新能源机组由于功率控制的灵活性，其参与调频的控制策略多样化，机械功率响应形式与同步机不完全一致，功率控制模式尚未形成一致的成熟标准。调频资源功率响应的异质化，使描述频率动态的微分方程形式不统一，使对调频功率进行聚合等效的准确性降低，也影响时域仿真和网络—节点模型的建模和求解难度；同时，使厂站调频控制方法更难以对系统控制决策提供有价值的信息。

（3）因区域资源禀赋差异和系统惯量下降、惯量的电气空间分布差异化增加，不同区域的电网频率在暂态过程呈现显著差异，频率将不得不以多维向量的形式描述。这将提高求解频率特征值的难度，影响频率稳定性的判定难度和分析结论的表达。同时导致不同区域调频资源的响应过程产生较大差异，进一步加剧调频资源功率响应的异质化。

（4）系统惯性时间常数下降，暂态过程加快，时间尺度缩短，与同步机调速器时间常数失配，甚至逐渐接近紧急控制的时间延迟，多时间尺度耦合特性复杂。系统惯量降低到一定程度后，即使备用充足，调频系数和调频时间常数固定的同步机调频体系下的机械功率来不及补偿故障功率，频率最低点更低且到来时间更早，系统动态频率面临越限风险。因此除备用容量外，高比例新能源电力系统还需考虑变调频系数、变调频时间常数的控制策略，考虑它们与惯量等效参数之间的配合关系，因而更为复杂。

对于过电压问题，从其发生机理可以看出，直流发生大扰动后送端电网出现的过电压均与直流输电功率和系统短路容量密切相关。对于弱同步支撑送端系统，通常会在整流站内配置大容量调相机。一方面，可提升系统短路容量；另一方面，调相机在次暂态特性作用下，可瞬时吸收大量无功功率从而抑制换流站暂态过电压。对于高比例新能源外送系统，新能源暂态过电压是制约特高压直流输电能力和电网稳定运行的主要因素。相比在换流站配置大容量调相机，分布式调相机占地少、投资低，适合在新能源场站侧配置，同时能有效提升新能源场站电压支撑能力。

新型电力系统在经历扰动的过程中，系统中各类电力电子设备做出不同响应，包括特高压直流的换流设备，以及新能源机组、发电单元。充分挖掘系统中电力电子设备的控制潜力，能够有效改善大电网稳定问题。

直流控制保护系统中的换相失败预测环节（commutation failure prevention，CFPREV）和低压限流环节（voltage dependent current order limiter，VDCOL）直接影响直流换相失败后的动态无功响应，合理设置其控制参数可减少直流系统动态无功消耗，从而改善系统电压恢复特性。

优化 CFPREV 参数是 ABB 公司采取的直流控保技术路线，其功能是在检测和判定直流将要发生换相失败时，快速减小逆变器触发角以增加换相裕度，从而降低首次换相失败发生风险。然而减小逆变器触发角势必会增加逆变器的无功功率消耗从而对电压稳定产生不利影响。研究表明，降低 CFPREV 的启动电压阈值和减小增益系数，可有效减少逆变站从交流电网吸收的无功功率，受端电网电压稳定性得到提升，该结论给实际工程运行提供了参考。对于多直流馈入系统，考虑交直流无功交互特性优化 CFPREV 启动电压阈值，在减小多回直流系统整体换相失败功率冲击的同时，避免从交流系统吸收过多无功功率从而降低电压失稳风险。

由于换流阀换相时间很短，首次换相失败一般难以避免，电网运行中应避免直流连续换相失败。VDCOL 的功能是检测到直流电压下降后，通过调整直流电流指令限制直流电流，抑制后续换相失败的发生。常规 VDCOL 采用的电压电流呈线性关系的恢复特性，难以根据系统状态准确控制电流变化，可能会对电压稳定性产生不利影响。为解决该问题，有研究提出一种基于模糊控制理论的变斜率 VDCOL 控制器,当电压处于较低水平时,电流缓慢增长,减小换流站无功功率消耗;当电压达到较高水平时,电流快速增长,直流功率快速恢复。也可以采用 Sigmoid 函数改进 VDCOL 曲线,主动将暂态期间稀缺的动态无功从用以直流功率恢复转移到支撑受端电网暂态电压稳定上,从而提升系统电压稳定水平。

新能源机组具备高低电压穿越特性,通过优化控制策略,可以实现对新能源机组高低穿越期间的有功功率、无功功率进行控制,进一步改善大电网稳定水平。低电压穿越期间发出的无功功率越多、高电压穿越期间吸收的无功功率越多,对暂态过电压的抑制作用越明显。通过调整新能源机组高低穿越期间的控制参数,改变电压穿越期间的有功功率、无功功率,可以缓解暂态过电压问题。

4.2 系统保护技术

4.2.1 电力系统继电保护发展现状

1. 电力系统继电保护基本要求和配置

继电保护系统是组成电力系统必不可少的子系统。它能够自动、迅速、有选择性地将故障元件(发电机、变压器、母线、线路、电动机、容抗器等)从电力系统中切除,使故障元件免于继续遭到损坏,保证其他无故障部分迅速恢复正常运行;还可以反映电力设备的不正常运行状态,并根据运行维护条件而动作与发出信号或跳闸。作为"第一道防线",继电保护系统在保障设备安全和电力系统稳定运行方面发挥着巨大作用。电网安全、稳定运行要求任何电力设备都不允许无继电保护运行,运行中的电力设备(线路、母线、变压器、电抗器、电容器等),必须在任何时候由两套完全独立的继电保护装置,分别作用于两台完全独立的断路器来实现保护。

我国继电保护技术先后经历了机电式、整流式、晶体管式、集成电路式和微机式保护五个发展阶段。自 20 世纪 80 年代第一代微机保护投入运行以来,微机保护以其性能优越、可靠性高、灵活性好、运维便捷等特点得以全面应用。进入新世纪,我国逐步建成世界上新能源并网规模最大、先进输电装备广泛应用的复杂电网,电网故障特性发生显著变化,提出了时域补偿电容电流的线路差动保护方法、串补线路复合特性阻抗距离保护技术、变压器励磁涌流识别、电流互感器饱和辨识、自适应重合闸技术等系列新原理,同时随着我国数字化、智能化变电站研究与建设，继电保护采用了先进的计算机、通信、设备制造等新技术，数字化、网络化和智能化水平大幅提高。

对于目前电力系统，结合系统稳定、设备安全、供电可靠要求，继电保护功能定位总体遵循"强化主保护、优化后备保护、适当补充辅助保护"的原则。主保护是为满足电网稳定和设备安全要求，能以最快速度有选择地切除被保护设备故障的保护。后备保护是当主保护或断路器拒动时，用以切除故障的保护。辅助保护是为补充主保护和后备保护的性能或当主保护和后备保护退出运行而增设的简单保护。

后备保护又分为远后备和近后备两种方式：远后备是当主保护或断路器拒动时，由相邻电力设备的保护实现的后备，目前 110kV 及以下电压等级电力设备一般采用远后备保护方式。近后备是当主保护拒动时，由该电力设备的另一套保护实现后备，100MW 及以上容量的发电机或发电机—变压器组、220kV 及以上电压等级的其他电力设备，按双重化原则配置两套主保护功能；当断路器拒动时，由断路器失灵保护实现后备。

目前针对继电保护的基本技术要求为可靠性、速动性、选择性、灵敏性，即继电保护"四性"。可靠性要求"应该动准确动、不该动不误动"；速动性力求故障时迅速动作；选择性要求尽量缩小故障切除范围；灵敏性要求具有正确动作能力的裕度。继电保护"四性"是几代电力工作者根据数十年的电网运行经验总结提炼出来的，是制造、设计、建设及运行各个环节必须坚持的基本原则，指导目前继电保护技术体系日趋完善。在此要求下，目前电力系统设备总体配置以电流差动保护为主保护，以其他保护功能（如距离保护、零序保护等）为后备保护。典型的设备保护配置如：

（1）线路保护。以电流差动元件为主保护，以距离元件、零序电流元件为后备保护，再辅以方向元件、选相元件等。

（2）变压器保护。以电流差动元件为主保护，以阻抗元件、零序电流元件、过流元件为后备保护，再辅以方向元件、复压元件等。

（3）母线保护。以电流差动元件为主。

（4）断路器保护。以过流元件为主。

（5）重合闸功能。主要有重合闸方式检定元件。

2. 新型电力系统故障特征

根据国家发展改革委、国家能源局、科技部发布的《"十四五"现代能源体系规划》以及《"十四五"能源领域科技创新规划》可知，为了有效支撑高比例新能源并网消纳，未来新型电力系统将具备以下显著特征：① 在发电层面，将继续推进风光等多类型新能源发电的快速发展，在风能和太阳能资源禀赋较好、建设条件优越、具备持续整装开发条件、符合区域生态环境保护等要求的地区，有序推进风电和光伏发电集中式开发，加快推进以沙漠、戈壁、荒漠地区为重点的大型风电光伏基地项目建设。② 在输电层面，完善区域电网主网架结构，推动电网之间柔性可控互联，构建规模合理、分层分区、安全可靠的电力系统，提升电网适应新能源的动态稳定水平。科学推进新能源电力跨省跨区输送，稳步推广柔性直流输电，优化输电曲线和价格机制，加强送受端电网协同调峰运行，提高全网消纳新能源能力。③ 在储（电）能层面，大力推进电源侧储能发展，合理配置储能规模，改善新能源场站出力特性，支持分布式新能源合理配置储能系统。优化布局电网侧储能，发挥储能消纳新能源、削峰填谷、增强电网稳定性和应急供电等多重作用。

与传统同步旋转机相比，新型电力系统中，高比例新能源接入、大量电力电子设备接入导致新型电力系统故障特征发生深刻变化，故障响应过程不确定性更强，颠覆了传统基于同步机特性的继电保护理论基础。

（1）新能源电源故障特征研究。

新能源电源主要分为全功率变换器型（永磁直驱风力发电机组和光伏电池组件等）和部分功率变换器型（双馈风力发电机组）电源两类。前者由变流器直接并网，变流器电路的时间常数很小，其故障特征仅取决于变流器的控制特性；后者主要由变流器控制的电机并网，由于变流器并网部分能量较小，因此其故障特征主要表现为受控的电机特性。

新能源的故障特征与其自身控制密切相关，控制策略的多样性使其故障特征呈现出多种变化，增加了研究新能源系统故障特征的难度。但由于新能源机组的控制目标基本相同，同时在故障期间必须满足电网低电压穿越的要求，使新能源系统具有基本的控制规律。电力电子设备在故障穿越时，由于电力电子设备器件对故障电流的耐受能力有限，在故障穿越过程中，会采取功率控制、负序抑制以及限流等手段减小故障期间流过电力电子设备之间的电流。同时系统发生故障时，电气量的变化只是对故障的响应，故障本质为网络拓扑参数的变化，因此对故障特征的分析应更多地关注系统网络拓扑参数的变化。

本节主要基于新能源机组的一般控制规律而非具体某种控制策略，以获得新能源电源在故障时的一般规律。

1）短路电流特征方面。图 4-1 为双馈式风机在端口电压跌至 35%时的出口电压电流波形。

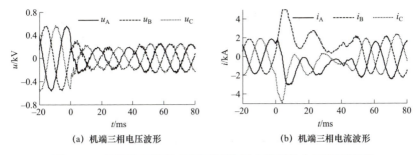

(a) 机端三相电压波形　　　　　　　(b) 机端三相电流波形

图 4－1　机端电压跌至 35%时双馈风电机组的电压电流波形

如图 4－1 所示，风机出口电压跌至 35%的瞬间，Crowbar 保护电路投入，并于 2 周波后切除。在故障初始时刻，电压波形有明显高次谐波，同时由于电机内磁链守恒，定子中产生衰减的直流分量和基频交流分量。由于变流器中 Crowbar 保护的投入，转子电流迅速衰减，即励磁电流降低，双馈式风机作为异步电机运行。转子绕组中由于磁势守恒将感应出衰减的直流电流，该电流在定转子间产生与转子相对静止的旋转磁场，在定子上感应出与转子电角速度对应频率的暂态电势，从而造成定子电流频率发生偏移。Crowbar 在投入一两个周波后切除，变流器控制重新投入对发电机的励磁进行控制，转子侧变流器发出对称的三相励磁电流，电机中的剩磁叠加励磁电流形成新的磁势。此时风电机组按照低电压穿越的要求提供一定的无功电流以支撑出口电压，由图 2－2 所示，此时故障电流约为额定电流。

图 4－2 为直驱风电机组端口电压跌至 35%时的电压电流波形。

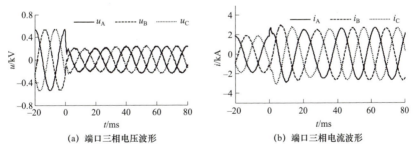

(a) 端口三相电压波形　　　　　　　(b) 端口三相电流波形

图 4－2　机端电压跌至 35%时直驱风电机组的电压电流波形

如图 4－2 所示，与双馈式风机不同，直驱式风机的故障特征只与变流器相关，因此没有像双馈式风机那样有明显的两个阶段，同时变流器控制的快速性使得故障电压电流很快进入稳态。直驱风电机组由于变流器的限幅作用仅能提供最多 1.5 倍额定值的故障电流，且故障稳态的故障电流值约为额定电流的 1.3 倍。

2）新能源电源频率特性方面。表 4-1 为双馈风电机组机端发生三相故障且 Crowbar 保护投入过程中，用矩阵束算法提取 A 相故障电流的频谱。表中的电流幅值是以额定电流为基准的标幺值。

表4-1   双馈风电机组端口电压跌至 35%时 A 相电流频谱分析

频率/Hz	衰减因子/s⁻¹	幅值/p.u.
0	7.5	1.34
56	70.4	2.14

如表 4-1 所示，故障发生瞬间，双馈风电机组提供的短路电流有较大的衰减直流分量，幅值为额定电流的 1.34 倍；Crowbar 动作期间的双馈风电机组将产生与转差率相关的暂态电势，该暂态电势在网络中的分布和工频分量进行叠加，造成了联络线上风电侧的系统频率偏移，以图 4-4 为例，Crowbar 保护投入下的双馈风电机组提供的故障电流频率偏移至了 56Hz，其幅值仅为额定电流的 2.14 倍，且该分量电流衰减较快。

同时，新能源大量使用的电力电子器件本身会产生较大的谐波，在新能源系统弱馈的影响下，谐波电流会对电流工频量的提取造成很大的影响。某些保护如变压器保护则更关注新能源电源的波形及谐波特征。有研究提出在变流器矢量控制下，双馈风电机组会产生含量较高的短路电流二次谐波，并认为短路电流二次谐波含量的大小主要受功率振荡大小和比例—积分控制器环节参数的影响。

3）新能源电源等值序阻抗特征方面。

不同于同步发电机，在故障过程中，新能源机组并没有稳定的暂态电势。因此若采用叠加定理将故障网络分解为正常网络和故障附加网络，则故障附加网络中的新能源机组除自身序阻抗 Z'_{W1} 外还有因控制产生的附加电源 Δe_W，如图 4-3 所示。

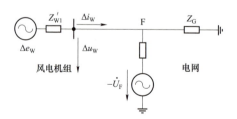

图4-3   新能源机组故障附加网络

此时新能源机组的等值系统阻抗为附加电源和自身序阻抗共同作用的结果，会随着控制作用而改变，其计算公式为：

$$Z_{\mathrm{W1}} = -\Delta \dot{U}_{\mathrm{W1}} / \Delta \dot{I}_{\mathrm{W1}} = Z'_{\mathrm{W1}} - \Delta \dot{E}_{\mathrm{W1}} / \Delta \dot{I}_{\mathrm{W1}} \qquad (4-1)$$

由式（4-1）可以看出，由于目前新能源多采用 *dq* 解耦控制，且该控制仅作用于正序分量，因此正序分量随控制变化而变化，相当于风机中加入了一个受控制作用的"正序时变电源"。该正序时变电源在用叠加原理进行分析时，会造成新能源电源等值正序阻抗的变化。

当双馈风电机组机端发生故障时，Crowbar 保护电路投入后衰减的转子励磁电流带来了附加电源的变化，从而使得双馈风电机组的等值正序阻抗不稳定。而当 Crowbar 切除后，转子恢复正常的励磁电流，此时附加电源稳定，等值正序阻抗稳定，如图 4-4 所示。图中 Z_1、Z_2 为双馈风电机组的单机故障录波数据按公式通过半周 FFT 算法计算得到的风电机组等值正、负序阻抗。

直驱风电机组的等值正序阻抗仍如式（4-1）所示，此时的附加电源表现为故障期间的低电压穿越控制目标。因此在故障期间，直驱风电机组的正序阻抗呈现出从一个值到另一个值的过渡。同样若无针对负序的控制策略，负序阻抗保持相对稳定，如图 4-5 所示。直驱风电机组若采取消除负序电流的控制方法，则风电机组在故障期间的等值负序阻抗应为无穷大。

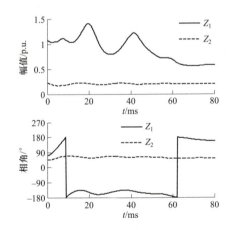

图 4-4　机端两相电压跌落至 35%时双馈　　图 4-5　机端两相电压跌落至 35%时直驱
　　风电机组的等值正、负序阻抗　　　　　　　风电机组的等值正、负序阻抗

光伏机组的故障特征与直驱风机类似，此处不再赘述。

综合上述分析，可以得出新能源电源的一般故障特征：除故障瞬间双馈式风机可提供较大的短路电流外（双馈风电系统因主要由异步电机提供短路电流，可以提供 3～4 倍的基频分量电流），总体来讲新能源机组提供短路电流的能力有限，表现出明显的弱馈特性；由于变流器的控制作用，故障电流呈现出两个阶段的变化，其中在第一阶段，双馈风电机组的故障电流频率会发生偏移；故障电压有较大的高次谐波，且电压幅值随着低电压穿越控制的投入略有升高；新能源机组等值系统阻抗随控制不同而变化，等值正序阻抗有较大波动，等值负序阻抗相对稳定，两者相差较大。综上所述，有别于传统旋转同步电机，新能源电源具有弱馈、谐波含量大、频率偏移和等值电源阻抗不稳定等基本故障特征。

（2）直流接入的交流输电系统故障特征。

常规高压直流输电技术基于电网换相换流器（LCC），该换流器采用半控器件晶闸管。由于采用定电流控制策略，因此故障特征主要取决于故障导致的拓扑结构变化带来的暂态过程。常规直流输电的控制策略决定了直流线路一旦短路，线路电压崩溃，整流侧电流上升，逆变侧电流下降，但电流无法降到零，需采取措施将电流降为零，以防止发展为永久性故障而导致直流闭锁。有研究从保护与故障测距研究角度出发，分析了控制系统、系统运行方式、直流滤波器与平波电抗器、不同故障类型与位置、雷击、换相失败共 6 个因素对直流输电线路电压电流的暂态特征的影响；研究结果表明，故障后 5 ms 内的测量数据构成的线路故障电压及电流，理论上可不计及控制系统的影响，其余 5 个因素均会对电压电流的暂态特征造成明显影响。

由于柔性直流输电技术具备向无源电网提供电压支撑的能力，其已经成为远距离海上风电并网的首选方案。与受端系统截然不同（柔直接入交流大电网端），风电接入柔直系统交流侧故障时面临线路两侧均为电力电子换流器的问题，此时没有外部交流电网支撑。柔性直流和新能源互联系统的低电压穿越方法大致可分为两种：一种是附加直流耗能设备；另一种是通过控制减小风电场出力。无论是增加耗能电阻还是减小传输功率，都会在一定程度上减少流入故障点的故障电流，减小故障过压水平。柔直换流器一般在交流故障后采取电压控制方式，并配合低压限流控制以限制短路电流；风电场采取电流控制方式，抑制负序电流，以保证短路电流不超过电力电子器件的限值。此时交流线路两侧的短路电流均呈现受控电源特性，与传统风机接入交流系统相比，故障特征发生了根本性变化，进而影响传统保护的动作性能。海上风电送出线路常用的主保护为距离保护、差动保护、零序电流保护，这些保护原理均基于工频相量构成。理论上，故障后 20ms 的电气量数据计算得到的工频相量才具有反映故障特征的能力，传统的保护原理对故障的识别速度大约为 20～50ms。而当海上风电柔直送出系统交流侧发生严重故障时，柔直换流器桥臂过流，整个换流器将采取闭锁策略，随后风电机组脱网。此时，线路中失去故障电流，可能导致传统交流保护不能正确识别故障。

综上所述，大规模新能源、高比例电力电子装备的接入以及常规/柔性直流等不同输电方式极大地改变了传统电网的形态，各种新能源和输电方式聚合后，电网形态及场景更加复杂。新型电力系统复杂的电网形态、大量非线性电力电子设备的深入参与以及电力电子设备控制策略的复杂性使得故障特性极为复杂，传统的电力系统故障分析方法已无法完全适应故障后全过程的精确分析。

4.2.2　继电保护风险识别

1. 新型电力系统继电保护体系面临严峻挑战

新型电力系统网络拓扑与运行特性均发生了本质变化，将具备高度电力电子化特征。有别于同步机设备，电力电子设备运行灵活性强，但是其对过流、过压的敏感性也更强。随着新型电力系统源、网、荷各环节电力电子设备的广泛应用，其弱支撑性和低抗扰性导致故障响应过程不确定性更强，如不能及时正确隔离故障，将造成新能源脱网、直流闭锁等，极易引发连锁反应，对电网安全第一道防线继电保护灵敏、快速、可靠切除故障提出更高要求。同时，大量电力电子设备接入导致新型电力系统故障特征发生深刻变化，颠覆了传统基于同步机特性的继电保护理论基础。现有继电保护体系面临严峻挑战，主要体现在：

（1）故障特征认知难：传统交流电网基于同步发电机支撑交流电压，采用叠加原理和序网络分析方法实现故障电压、电流的精确计算。但是，新型电力系统高比例新能源、高度电力电子化使得故障响应过程具有显著的非线性特性，而且受控制策略影响极大，现有故障分析方法难以准确理论解析故障全过程精确特性；此外，各种新能源和输电方式聚合后，故障形态更加复杂，进一步加大了故障特性分析的难度。

（2）保护性能适应难：新型电力系统故障特征迥异于传统同步机组，现有交流继电保护原理难以适应，严重动摇了继电保护"四性"要求。如：西北电网新能源大规模接入，故障电流呈现幅值受限、谐波含量大的显著特征，导致保护拒动或慢动；渝鄂背靠背柔直输电系统，交流故障时由于柔直提供短路电流受限，导致主保护灵敏度严重下降；江苏如东海上风电柔直系统接入华东电网，致使 500kV 交流线路距离保护拒动及误动风险增大。

（3）保护运行整定与验证难：基于恒定序阻抗的保护整定计算模型无法准确表征新能源电源故障特性，原有将新能源电源等效为负荷或恒定电流源的整定计算方法出现不适应情况，现有电网运行方式选取方式及整定计算原则也无法适应新型电力系统的特性变化。此外，新能源控制器故障过程中的控制策略多样，单机与场群特征非倍增关系，电网与新能源耦合影响，针对新能源及电网不同场景、运行方式，构建准确、全面验证保护系统和设备的验证平台和验证方法难度大。

综上，由于新型电力系统故障特征发生了根本性变革，传统的故障分析方法难以准确解析故障全过程，基于传统交流电网故障特征的保护原理适应性及运行整定存在困难和问题。新型电力系统源网荷储各环节电力电子设备的控制策略对工频故障电流幅值、相角和频率影响较大，新能源电源谐波特性与传统同步发电机相比也有较大差异，同时还存在弱支撑和低抗扰的特性，现有继电保护"四性"在此情况下存在较大风险。

2. 新能源接入下继电保护风险

新型电力系统故障特征与传统同步机相比发生了根本性变革，导致基于传统交流电网故障特征的保护原理适应性及运行整定存在困难和问题，具体表现在以下方面。

（1）距离保护。

距离保护主要有比相式距离元件、时域距离元件、工频变化量元件。

比相式距离元件是全量频域距离保护的一种，通过比较测量电压与补偿电压相位确定故障位置。从基本原理上分析，比相式距离元件不受背侧系统的影响，也就是不受新能源接入的影响。但由于新能源电源提供的故障电流出现频率偏移特性，当频率发生偏移后，利用傅式算法得到的基波相量幅值将会发生波动。当频率偏移较大时，得到的基波相量幅值将产生较大偏差，导致依据工频电压、电流比值的测量阻抗不再准确，进而影响比相式距离元件的动作性能。当发生出口短路故障，比相式距离元件采用记忆电压时，由于记忆电压的存在相当于间接引入了背侧等值阻抗，将受新能源电源的影响，有可能导致保护误动。

时域距离元件是通过解电压电流时域方程，求出阻抗，其保护原理是面向线路，与保护安装处背侧电源的特性无关，因此原理上不受新能源电源阻抗不稳定的影响。同时由于采用时域算法，只需在线路 RL 模型的适用频带内，时域距离元件性能受电流频率偏移和高次谐波的影响很小。

工频变化量距离元件是通过比较补偿电压和故障点处正常电压的幅值大

小，判断区内外故障，其保护范围由整定阻抗和系统背侧等值阻抗共同决定。由于与系统背侧等值阻抗有关，工频变化量距离元件容易受新能源电源阻抗影响，导致实际的保护范围缩小，存在拒动风险。同时新能源系统的弱馈特性使其背侧系统等值阻抗值远大于常规系统，因此在新能源接入系统中，工频变化量距离保护的实际保护范围很小，即使是近区严重故障，也会造成保护的拒动，进而影响工频变化量距离元件的动作性能。

另外，新能源接入具有弱馈特性，而撬棒的投入会进一步增强双馈风机的弱馈特性，与常规交流系统的弱馈侧一样，逆变型电源的弱馈作用会导致新能源电源侧保护感受到的过渡电阻被放大，造成距离保护在整定范围内故障时拒动。

图 4-6 为双馈风电接入系统联络线中点发生 BC 故障时各类距离保护元件的动作情况，限于篇幅，仅给出故障相 BC 距离元件的动作情况对比。其中时域距离元件给出了测量阻抗和整定阻抗圆的关系，工频变化量距离元件给出了补偿电压 $\Delta \dot{U}_{op}$ 和整定电压 $U_{\mathrm{F}}^{(0)}$ 的关系，比相式距离元件给出了补偿电压 $\dot{U}_{op}$ 与保护安装处电压 $\dot{U}_{\mathrm{m}}$ 的相位和整定区间。

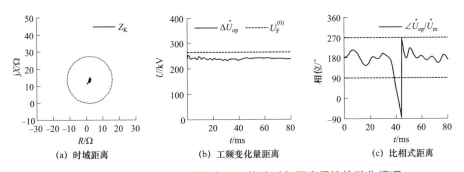

图 4-6　双馈风电送出线中点 BC 故障时各距离保护的动作情况

由图 4-6 可以看出，双馈风电送出线发生 BC 故障时，双馈风电机组 Crowbar 保护投入，从而造成送出线风电侧电气量信号频率发生偏移，因此比相式距离元件判断结果不稳定，可能会造成保护动作。时域距离元件只与面向线路的特性相关，因此测量结果稳定，保护正确动作。新能源系统的弱馈性造成了其系统阻抗相对较大，从而工频变化量距离元件的保护范围大大缩小，因此线路中点故障时，新能源侧的工频变化量距离元件会拒动。

图 4-7 为直驱风电接入系统联络线中点发生 AG 故障时各类距离保护元件的动作情况。

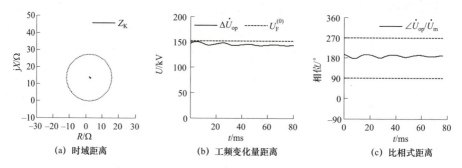

图 4-7　直驱风电送出线中点 AG 故障时各距离保护的动作情况

如图 4-7 所示直驱风电送出线中点发生 AG 故障时，由于直驱风电系统不存在频率偏移，因此时域距离和比相式距离均可靠判为区内故障。工频变化量距离元件因新能源系统阻抗较大，其保护范围缩小，故保护拒动。

综上，对距离保护的适应性分析可以得到如下结论：

1）突变量距离保护与比相式距离保护由于受到故障电流频率偏移、背侧系统阻抗不稳定且正负序阻抗不等以及故障电流过小的限制，保护的选择性与灵敏度受到严重影响；

2）时域距离保护原理和算法上都不受上述故障特征的影响，因此新能源场站接入对时域距离保护没有影响；

3）对于新能源接入系统，距离保护配置应该首选时域距离保护，避免选择突变量距离保护。

（2）电流差动保护。

目前电流差动保护是基于工频频率计算的，从基本原理分析，其动作性能只与线路两侧系统提供的短路电流特征及线路自身模型特征有关。当线路较长、电压等级较高时，尤其是以电缆线路送出时，线路中的电容电流将使输电线路两端电流的大小和相位都发生严重偏移。特别是在线路中短路电流较小的弱故障情况下，电容电流将成为影响全量电流差动保护动作性能的主要因素。

当发生区内故障时，由于系统侧提供的短路电流要远大于新能源侧提供的短路电流以及电容电流，因此电容电流对区内故障时的保护判据影响较小，仅会降低一些灵敏度。区外故障分为系统侧区外故障和新能源侧区外故障两种。当发生新能源侧区外故障时，线路中的短路电流均由常规系统提供，其值较大，此时电容电流对保护判据影响较小。当发生系统侧区外故障时，线路中的短路电流均由新能源系统提供，其值因新能源系统的弱馈特征而较小，此时电容电流对保护判据影响较大。当区外故障时线路电容电流 $|\dot{I}_{cm}|$ 与经过补偿后的穿越

电流 $|\dot{I}'_m|$ 的比值大于 k 倍（比率差动斜率系数）时，电流差动保护会误动，因此必须要消除电容电流的影响。

目前线路中常采用的电容电流补偿算法有相量补偿法和时域补偿法。相量补偿法是建立在计算稳态相量基础上的，因此只能补偿稳态下的电容电流，对故障暂态期间的电容电流补偿效果较差。因此对于故障暂态时间不确定、故障暂态期间电压谐波含量高及波形正弦度差的新能源送出线而言，采用相量补偿法的电流差动保护在新能源送出线系统侧区外故障时的适应性差，保护存在误动风险。电容电流时域补偿法是在时域下，根据输电线路等值电路参数，利用保护安装处电压的采样数据通过微分计算来对暂态电容电流进行有效补偿，其补偿效果主要取决于线路等效模型的准确程度，以及模型中电容参数的准确性。由于新能源电源提供的故障电流暂态谐波含量较高，线路模型将与实际线路存在一定的偏差，从而电容电流不能完全补偿，保护性能降低。同时由于实际线路的真实电容参数不能准确获取，当用于计算的电容参数大于实际电容参数时，即电容电流过补偿的情况下，区内故障时差动电流减小，制动电流增大，从而差动保护灵敏度降低；当用于计算的电容参数小于实际电容参数时，即电容电流欠补偿的情况下，区外故障时差动电流增大，制动电流减小，从而保护容易误动。

图 4-8 为直驱风电送出线中点发生 BC 相间短路接地故障时各相差动元件的仿真结果。

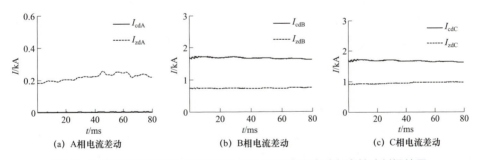

(a) A相电流差动　　　　(b) B相电流差动　　　　(c) C相电流差动

图 4-8　直驱风电送出联络线中点 BC 相间短路障时电流差动判据结果

由图 4-8 可以看出，当直驱风电并网送出线发生区内 BC 故障时，故障相的电流差动保护均可正确动作；但由于新能源系统的弱馈性，送出线中非故障相 A 相的制动电流较小。

图 4-9 为双馈风电送出线发生系统侧区外三相金属性短路故障时的仿真结果。

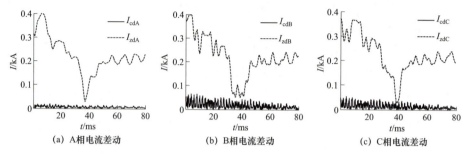

(a) A相电流差动　　　　　　(b) B相电流差动　　　　　　(c) C相电流差动

图4-9　双馈风电送出联络线系统侧三相金属性短路障时电流差动判据结果

由图4-9可以看出，当新能源送出线发生系统侧区外三相短路故障时，电流差动保护可判为区外故障，但因电流频率偏移，其差动电流和制动电流在故障期间波动较大，同时由于新能源系统的弱馈性，制动电流较小，若此时电容电流欠补偿，全量电流差动保护将存在误动可能。

综上，新能源并网系统中的电流差动保护，会因新能源系统的弱馈性而导致区内故障时的保护灵敏度降低，区外故障时受电容电流的影响较大，保护性能主要取决于对电容电流的补偿程度。当电容电流欠补偿，同时暂态谐波含量较高时，保护有区外故障误动风险；当电流过补偿，同时在经高阻接地故障情况下，保护可能会拒动。此外，新能源的频偏和高谐波特征会增加工频相量提取误差，保护性能进一步下降。

（3）故障选相元件。

常用的故障选相元件主要有序分量选相元件和相电流差突变量选相元件。

1）序分量选相元件。序分量选相元件是利用保护安装处正、负、零序电流量故障分量之间的相位和幅值关系来构成选相的元件。流入故障点的各序电流在不同故障类型下满足的特定幅值和相位关系及保护安装处正、负序电流分支系数近似相等是序分量选相元件得以正确选出故障相的基础。

在双馈和直驱风电送出线中点设置 AG 故障，对序分量选相元件在风电送出线路中双馈、直驱风电侧和常规系统侧的性能进行仿真验证。仿真结果如图4-10所示。

由图4-10可以看出，根据前面介绍的新能源电源故障特征，由于新能源系统的等值正、负序阻抗相差较大，且等值正序阻抗在故障期间因控制作用而存在较大波动，导致保护安装处的故障序分量的幅值关系不稳定，相位关系也随时间而波动，进而导致在各类故障时新能源侧的序分量选相元件失效。

对于新能源送出线路的系统侧，由于其强旋转同步机特性，保护安装处的正、负序电流分支系数近似相等，选相元件所感受到的各序电流幅值和相位特征与实际故障点的保持一致，故仍具有良好的故障选相性能。

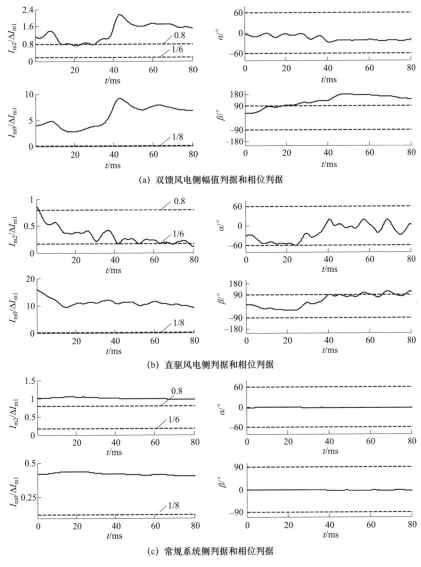

(a) 双馈风电侧幅值判据和相位判据

(b) 直驱风电侧判据和相位判据

(c) 常规系统侧判据和相位判据

图 4-10 AG 故障时序分量选相元件的性能验证

2）相电流差突变量选相元件。相电流差突变量选相元件是利用系统发生故障后保护安装处两相电流差突变量的幅值特征来进行故障选相的元件。与序分量选相元件类似，保护安装处正、负序电流的分支系数近似相等是选相原理的基本前提。

　　由于新能源电源等值正、负序阻抗特点，新能源电源侧保护安装处的正、负序电流分支系数相差较大且随时间波动较大，因此相电流差突变量选相元件存在适应性问题。在双馈和直驱风电送出线中点设置 AG 和 BC 故障，对相电流差突变量选相元件在新能源送出线路中双馈、直驱风电侧和常规系统侧的性能进行仿真验证。仿真结果如图 4−11 和图 4−12 所示。

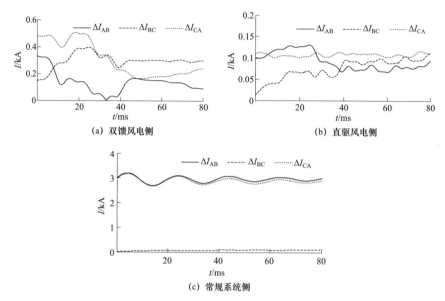

(a) 双馈风电侧　　　　　　　　　　(b) 直驱风电侧

(c) 常规系统侧

图 4−11　AG 故障时相电流差选相元件的性能验证

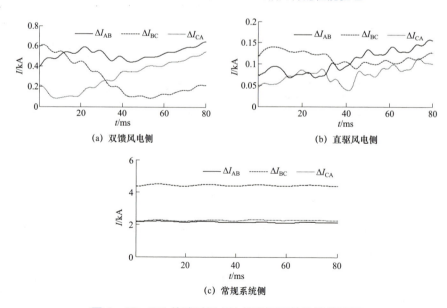

(a) 双馈风电侧　　　　　　　　　　(b) 直驱风电侧

(c) 常规系统侧

图 4−12　BC 故障时相电流差选相元件的性能验证

从图 4-11 和图 4-12 可以看出,由于新能源系统等值正、负序阻抗相差较大,且正序阻抗存在较大波动,使得当线路发生各种不对称故障时,新能源侧保护安装处三种相电流差突变量的幅值关系不稳定,从而导致相电流差突变量选相元件误选故障类型和故障相;而常规系统侧的相电流差突变量幅值关系明确且稳定,相电流差突变量选相元件仍保持良好的动作性能。

综上,对选相元件的适应性分析可以得到以下结论:有别于传统电源,新能源系统的三序等值阻抗在幅值和相角上均存在较大差异,导致新能源侧保护处的各序分流系数在幅值和相位上存在较大差异;新能源系统上述特点与故障电流频率偏移特性将导致电流差选相方法与稳态序分量选相方法在新能源侧无法可靠工作;由于新能源系统的弱馈特征,使得常规电源侧正、负序分流系数近似相等且为常数,选相方法在常规电源侧动作性能不受影响。

(4)故障方向元件。

方向元件是纵联方向保护的核心元件,很大程度上决定了整个保护的性能。方向元件可以分为工频故障分量方向元件、行波方向元件、暂态故障分量方向元件。其中工频故障分量方向元件因不受负荷影响、动作快、不受过渡电阻影响等优点而广泛地用于电网中,根据具体实现方式,又分为基于序故障分量和基于相电气量故障分量的方向元件。

1)基于序故障分量方向元件。各序线路和系统阻抗的相位近似为 90°,是基于序故障分量方向元件正确动作的前提条件。

对于负序故障分量方向元件,由于新能源电源主要对正序故障分量进行控制,除故障点外,不存在负序暂态电势。但新能源电源中的负序回路受控制特性的影响,会因为控制的非线性存在小的波动。因此,新能源系统的负序阻抗相对稳定,基于负序的方向元件能较好地适应新能源接入系统。

对于零序故障分量方向元件,由于保护安装处背侧的零序系统阻抗仅与背侧变压器的联结方式和中性点接地参数有关,而与变压器后面电源的特性无关,对于零序网络而言,线路阻抗和系统阻抗的相位仍可近似为 90°,零序故障分量元件在新能源接入系统中仍具有良好的性能。

但是对于正序故障分量方向元件,由于新能源电源的等值正序阻抗在故障期间幅值和相位的波动较大,当新能源侧前方发生故障的情况下,如果故障点在联络线(并网线)上,新能源侧的正序故障分量方向元件存在方向误判问题;如果故障点在系统背侧,则新能源侧和系统侧的正序故障分量方向元件都存在方向误判问题。

在双馈和直驱风电送出线中点设置 AG 和 BC 故障,对各序故障分量方向元件在新能源并网系统中的性能进行仿真验证。仿真结果如图 4-13 和图 4-14 所示。

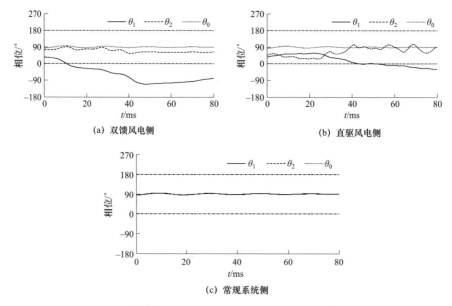

(a) 双馈风电侧

(b) 直驱风电侧

(c) 常规系统侧

图 4-13　AG 故障时序故障分量方向元件的性能验证

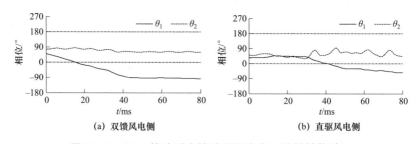

(a) 双馈风电侧

(b) 直驱风电侧

图 4-14　BC 故障时序故障分量方向元件的性能验证

由图 4-13 和图 4-14 中的仿真结果可以看出，在双馈和直驱风电侧：零序方向元件动作良好；负序方向元件判断结果有所波动，但仍能正确判为正方向；正序故障分量方向元件会偏离正确动作区域从而误判为反向故障。而各种故障类型下常规系统侧的序故障分量方向元件的判断结果稳定可靠。

2）基于相电气量故障分量方向元件。基于相电气量故障分量方向元件是通过比较故障回路中相或相间电压、电流故障分量之间的相位关系来实现故障方向的判别，其正确动作的最佳条件也是系统中各正、负序阻抗近似相等且阻抗的相位近似为 90°。当发生新能源侧反向故障时，新能源侧基于相差故障分量方向元件能正确判断反向故障。下面主要分析当发生新能源侧正向故障时基于相量故障分量方向元件的适应性。

双馈和直驱风电并网送出线中点设置故障，对基于相量故障分量的方向元件在新能源接入系统中的性能进行仿真验证。仿真结果如图 4-15 和图 4-16 所示。

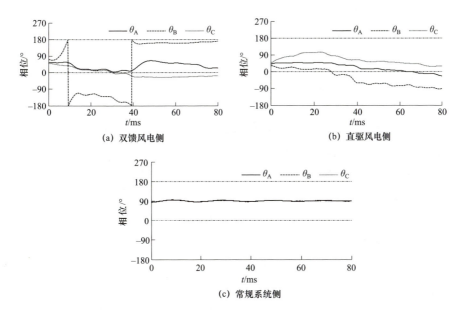

(a) 双馈风电侧　　　　　　　　　(b) 直驱风电侧

(c) 常规系统侧

图 4-15　AG 故障时相故障分量方向元件的性能验证

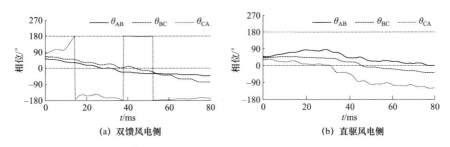

(a) 双馈风电侧　　　　　　　　　(b) 直驱风电侧

图 4-16　BC 故障时相差故障分量方向元件的性能验证

由图 4-15 和图 4-16 中的仿真结果可以看出，当发生不同故障类型正方向故障时，双馈和直驱风电侧的相或相差故障分量方向元件在故障期间会偏离正确动作区域而误判为反方向故障；而常规系统侧的相或相差故障分量方向元件均能可靠判为正方向故障。

综上，对方向元件的适应性分析可以得到如下结论。

受电力电子器件控制作用的影响，新能源系统等值正负序阻抗不再相等且正序阻抗不断波动，导致突变量方向元件测得阻抗相位会出现误差，灵敏角将发生偏移。同时，故障电流分量的频率偏移特性也使傅氏算法得到的相位结果误差增大。故突变量方向元件已经不再适用于新能源接入系统。

对于序分量方向元件来说，新能源系统接入并不会影响送出线路零序方向继电器的动作性能；而新能源侧负序阻抗角与系统侧负序阻抗角存在一定差异，负序方向元件灵敏性有少许的降低；而由于新能源电源的等值正序阻抗在故障期间幅值和相位的波动较大，正序方向元件不再适用。

（5）元件保护。

新能源接入、高比例电力电子换流装置接入下，不仅仅会对线路主、后备保护与重合闸策略产生影响，还会影响变压器等保护元件的动作性能。如新能源场站外部电网较弱场景下，新能源场站变压器内部故障初期，故障电流中二次谐波含量较大，可能出现变压器区内故障时因二次谐波分量较大而发生差动保护被误闭锁的情况，影响变压器差动保护动作可靠性和快速性。

（6）重合闸。

220kV 及以上超高压线路重合方式常采用单相重合闸方式，单相重合闸的优点在于单相瞬时性故障率往往较高，采用这种方式新能源场站在非全相运行时保持并网运行状态，随着重合成功恢复正常发电并网状态。新能源电源的故障特征对此影响不大。

110kV 及以下双端电源线路采用三相重合闸，其重合检定方式原则上大电源侧选用"检线路无压"方式，小电源侧选用"检同期"方式。当新能源并网线路或有某侧有新能源接入的线路瞬时故障三相跳闸后，在等待重合的过程中，新能源侧系统一般无法稳定运行，其电压频率和相位都可能发生较大变化，无法满足"检同期"要求，导致重合失败，极大地降低了供电的可靠性。

针对 110kV 线路三相重合闸重合成功率低的问题，工程上一般会选择系统侧"检线路无压"、新能源侧"检母线无压"或"检同期"重合方式，同时采用提高系统侧重合闸时间（如重合延时设为 2s 以上）、防孤岛保护或故障解列装置在重合闸等待期间动作解列新能源等方式，使新能源脱网，避免新能源侧由于稳定性较差导致"检同期"不满足或者电压没有降下来导致"检母线无压"不满足，提高三相重合闸的重合成功率。但这种情况会导致瞬时故障情况下新能源脱网问题，新能源在瞬时故障后无法快速并网，降低了新能源的消纳率。

（7）继电保护运行整定。

由于继电保护整定计算主要是基于各元件恒定的序阻抗来实现短路电流的计算，而新能源电源与传统同步发电机故障特征存在显著差异。新能源场站内部机组类型多样、控制策略复杂，在故障过程中阻抗呈现强非线性和强受控性特征，无法用恒定的序阻抗来准确表征。

针对部分功率逆变型电源，双馈风机（doubly fed induction generator，DFIG）

在深度电压跌落下，Crowbar 电阻投入时 DFIG 不受控，相当于一个异步电机；在 DFIG 在浅度电压跌落下，转子侧换流器（rotor side converter，RSC）根据风电场并网规范，在低电压穿越控制情况下提供短路电流。针对全功率逆变型电源，其短路电流与逆变器控制系统的响应特性息息相关。以上各类型新能源电源故障电流解析，虽然通过研究可以精确表征故障全过程，但是过于依赖新能源的控制策略和参数，而实际工程中参数的"黑箱化"导致解析表达式难以用于实际工程中新能源电源的短路电流计算。

针对新能源电源的继电保护运行整定，目前实际工程整定计算时一般将新能源场站等效为负荷（不考虑新能源）或恒定电流源进行计算，导致其整定计算模型及短路电流与实际存在较大出入，分支系数计算有偏差，导致部分保护远后备灵敏度不足，上下级保护之间的配合也不再精确，原有的可靠系数、灵敏系数都要被迫放大，定值准确性下降、适应范围缩小。当新能源接入比例较高时，原有整定计算方法在局部计算和全网计算中逐步出现不适应情况，由此得出的动作定值准确性下降，给新型电力系统安全运行带来风险。

3. 常规直流接入下继电保护风险

常规直流依靠电网电压进行换相且采用半控型晶闸管作为换流单元基础电力电子元件，存在换相失败这一固有缺陷，当交流系统故障并引发换相失败时，直流会对交流产生二次影响，从而造成交流侧纵联方向保护、电流差动保护以及距离保护等不适用。

交流故障引发的直流换相失败及控制动作通常发生在交流保护动作之前的故障暂态时期，由于换流器的非线性动作特性，使得直流系统向交流电网注入大量的非特征谐波干扰，尤其是 50Hz 附近的次谐波和低频间谐波干扰，而传统交流保护常用的全周或半周傅氏算法无法有效滤除间谐波和次谐波的干扰，造成了目前交直流混联系统中的交流保护装置在提取工频相量时产生较大的计算误差，对现有基于工频相量的交流保护动作性能，尤其是平行线路上的交流保护动作性能产生十分不利影响。

换相失败会引起功率倒向，当电气距离较近的多馈入直流系统交流侧发生严重故障时，可能导致换流站出现相继换相失败，并导致附近多条交流线路发生功率倒向，最终引起纵联方向保护误动。2003 年广州北涌乙线在天广直流系统换相失败下发生误动作，说明换相失败对故障线路和非故障线路的工频变化量方向保护都有影响，可能导致故障线路拒动或者非故障线路误动。

4. 柔性直流接入下继电保护风险

基于全控型半导体器件的柔性直流技术的发展可进一步促进新能源消纳、

提高供电可靠性，同时解决常规直流输电和交流电网的技术瓶颈。然而，当风力发电等新能源经柔性直流系统接入交流电网时，电压源型换流器的故障出力特征不同于传统交流同步机组。为了阻断零序电流在交流电网和换流器之间流通，一般要求换流变压器采用星角接线方式，且星型侧接地，因此柔性直流系统不会向交流侧提供零序电流。而为了避免较大的过电流导致换流器闭锁退出运行甚至损坏，一般要求采用正负序解耦的电流内环控制器以滤除负序电流分量，因此柔性直流系统也不会向交流侧提供负序电流。此外，由于电流内环控制器的正序电流限幅作用，柔性直流系统向交流侧提供的正序电流较小，体现出弱馈特性。以上特性导致柔性直流系统接入的交流线路保护可靠性下降。此外，受电压源型换流器控制的影响，柔性直流系统的交流侧出力不满足叠加原理，基于工频变化量的距离保护原理也不再适用。

4.2.3 新型电力系统继电保护发展趋势

新型电力系统形态的深刻变革将逐渐颠覆现有继电保护技术体系，需要站在电网发展、电网安全的高度，重新审视新型电力系统背景下的继电保护"四性"、功能定位与配置整定、发展趋势，制定新型电力系统继电保护技术体系顶层架构，明确未来继电保护技术发展方向和目标，为电网继电保护技术研究和应用工作提供指导。

新型电力系统背景下，高比例新能源接入、大量电力电子设备接入导致新型电力系统故障特征发生深刻变化，故障响应过程不确定性更强，颠覆了传统基于同步机特性的继电保护理论基础，常规故障分析方法已无法完全适应故障后全过程的精确分析，需要研究不同类型新能源和新型输电方式聚合情况下影响继电保护性能的电气量在暂态自然响应阶段、控制器动态响应阶段、故障后稳态阶段的故障特征及变化规律，需要保护原理性的突破。新的保护原理、新的主后备保护配置需要考虑设备如何实现，新的传感技术、网络通信、信息通信技术也将促进设备形态的变化。因此，需要统筹研究新型电力系统的保护原理、设备形态的发展方向和关键影响因素。

1. 新型电力系统继电保护技术体系架构方面

体系架构研究关乎新型电力系统继电保护的顶层设计。应该研究和明确新型电力系统对继电保护的要求，在此基础上，研究分析新型电力系统的主后备保护功能定位和配置，探索新型电力系统继电保护技术体系发展路径。

（1）新型电力系统继电保护技术要求。

1）电力电子设备故障穿越的继电保护性能要求。基于现有风电、光伏、柔性直流等电力电子设备的高电压穿越运行、低电压穿越运行曲线，研究不同设备故障穿越运行曲线中的电压跌落深度、过电压水平、持续时间等关键参数对继电保护动作性能的要求。

此外，受故障穿越运行控制策略的影响，电力电子设备的故障特征与传统同步发电机组相比存在较大差异，给传统继电保护带来较大的不利影响。因此，可以结合风电、光伏、柔性直流等电力电子设备故障穿越运行期间的故障特征，研究相应的继电保护性能要求。

2）以保障电力设备安全为目标的继电保护性能要求。考虑到电力电子设备承受过压、过流能力差，尤其是串联型电力电子设备可能直接承受交流大电流的短路电流。因此，可结合电力电子设备耐压耐流能力，研究以保障故障穿越运行期间电力电子设备运行安全为目标的继电保护性能要求。

此外，在高比例新能源发电和高比例电力电子设备接入的新型电力系统中，故障特征复杂、谐波含量丰富，尤其是当发生宽频振荡时，谐波频率可高达几千赫兹，谐波占比含量更高，严重危及设备安全。因此，可结合新型电力系统谐波特征和分布特性，针对变压器、电抗器等电力设备的谐波过负荷运行能力，研究以保障上述电力设备运行安全为目标的继电保护性能要求。

3）以防止单一故障发展为连锁故障为目标的继电保护性能要求。新能源是新型电力系统中的主要供电源，保障新能源电源的持续可靠供电对于电力系统安全稳定运行具有重要意义。因此，可对内、外部故障情况下新能源响应特性进行研究分析，提出可防止单一故障情况下新能源大规模脱网的继电保护性能要求。

新能源电源、柔性直流输电工程、柔性交流输电设备等电力电子设备的大量接入，使得交直流电网之间耦合非常紧密，交流系统故障易诱发交直流系统耦合连锁故障，给电网安全稳定运行带来严峻不利影响；高比例新能源发电和高比例电力电子设备的"双高"特性使得新型电力系统的宽频振荡问题极为严重和复杂，振荡能量在交流大电网中广域传播，危及大电网运行安全。因此，可结合交直流混联电网故障传播及演化机理、新型电力系统复杂宽频振荡模式及其传播规律，有效阻断故障发展蔓延、避免单一故障发展为连锁故障为目标，研究并提出针对性的继电保护性能要求。

（2）新型电力系统保护功能定位和配置整定。

基于新型电力系统建设发展不同阶段的电网形态及典型场景，研究适应新型电力系统要求的继电保护新原理发展路线。一方面可以研究现有各类保护原理适应性提升的路径，通过算法优化、原理补充及综合等手段对现有线路保护、元件保护及电力电子设备保护原理进行优化，以充分发挥现有保护的性能。另一方面，针对新型电力系统电源特性变化、电力电子设备广泛应用引起的故障响应过程不确定、非线性等特点，突破性研究适应新型电力系统的继电保护新原理，深度挖掘各类被保护对象的内在特性，利用其固有参数、非电气量变化等提出不依赖于电源特性的继电保护新原理；充分利用电力电子设备的控制能力，为继电保护进行故障识别提供有效信息，通过控制保护协同实现故障可靠识别与隔离。

结合网络、芯片、传感技术发展及集成、工艺进步，研究采用新型传感及测量、通信及网络技术的数字化电网继电保护设备技术，提出适应大规模新能源发电、多类型电力电子设备接入的新型电力系统主保护、后备保护及二次系统的采集、组网、信息交互及功能实现方式。

从保护功能定位的逻辑起点出发，结合新型电力系统各场景下故障响应特征和传递规律，深入剖析现有主保护、后备保护体系的功能定位及相互关系，考虑故障连锁反应，研究线路、变压器、母线、电抗器、电力电子装备等电气设备主保护、后备保护功能在新型电力系统发展过程中的失调表征，以及各类型电气设备的主保护、后备保护在新型电力系统不同典型场景下功能定位及二者间关系；结合新型电力系统的强耦合关系、故障响应特征和传递规律，研究新型电力系统主保护、后备保护的配置和整定原则，包括相邻电力元件主保护、后备保护配合关系，以及直流控制保护系统与其接入交流系统主保护、后备保护的配合关系等。

结合新能源、柔性直流、柔性交流、常规直流在交流侧故障穿越技术要求，分析新能源接入场景下重合闸功能定位，研究不同重合闸方式及重合过程对新能源接入系统影响；结合新型重合闸技术、各电力设备故障穿越技术要求、系统控制等因素，研究适应新能源接入的重合闸应用原则。

2. 新型电力系统故障特征及规律认知

新型电力系统故障特征及规律认知是继电保护工作的基础。可以结合新型电力系统典型应用场景，从继电保护角度开展新能源和柔性直流等新型输电方式聚合情况下的故障特征及规律认知技术研究。

（1）电力电子设备暂态故障特性近似解析方法。

1）在保证模型精度的前提下，探索电力电子设备模型的简化方法及数学模型等效方法。例如，可应用离散状态空间平均理论，采用戴维南等值等方法对模块化多电平换流器桥臂进行等值；可采用灵敏度分析、特征值分析等方法进行控制系统的降阶，基于大量实测数据，采用数理统计等分析方法对大规模新能源机组进行聚类分析和辨识。

2）分阶段近似解析计算故障电流电压。考虑控制器响应前的行波阶段、控制器响应阶段、控制器响应后的稳态阶段，研究在控制策略作用下新能源单机及换流设备从故障发生初期到故障稳态的动态发展过程以及相关状态量变化，以及柔直、光伏、直驱风机、双馈风机、储能等电力电子设备暂态故障电流电压分阶段的近似解析方法和相应的误差范围，建立各阶段的等效模型，用于故障分析及整定。其中故障初瞬时换流器控制系统还未调节，主要为电气量的波过程阶段。借助经典行波分析理论，结合换流器及其周边元件的拓扑结构，研究故障行波经过换流器时的折反射规律，获得换流系统的频率响应特性；研究换流器的频率特性、等效波阻抗与开关器件周边元件拓扑及其参数的关系，建立适用于故障初瞬波过程分析的换流器等效模型。换流器动态调节过程中，其耦合特性取决于控制结构、控制策略和调制/触发方式。针对不同控制结构、控制策略和调制/触发方式，研究换流器对扰动的响应特性，解析表达响应特征与控制参数之间的关系；基于能量平衡，研究换流器传递特性，分析故障时两侧电气量变化规律，得到输入输出电气量之间的定量关系；在详细研究换流器对两侧系统电气量耦合作用的基础上，利用换流器响应特性与传递特性的定量关系，研究不同类型交流或直流线路故障情况下扰动的响应与传播规律；针对特定控制结构和控制策略的换流器，基于换流器两侧电气量的响应特性和传递特性，建立适用于动态调节过程暂态特征分析的换流器等效模型。换流器进入稳态后，其故障特性仅取决于换流器的控制策略。针对换流器不同控制策略，研究各种故障类型下换流器稳态电气量的定量关系，确定换流器对不同故障类型的传递特性，着重研究交流系统不对称故障情况下换流器电气量的定量关系及解耦分析方法；针对特定拓扑结构的换流器，基于换流器稳态电气量的定量关系，建立适用于故障稳态特征分析的换流器静态等效模型。

最后，在仿真软件中，建立涵盖不同控制策略和控制电路切换、计及故障穿越动态过程的新能源单机系统电磁暂态仿真模型，并收集相关设备的现场试验录波数据，通过仿真验证和实测录波比对，验证所提解析方法的正确性，并对解析公式进行完善提升。

（2）新型电力系统故障特征及分析方法。

结合光伏电场、双馈风电场、直驱风电场等新能源场站内系统拓扑，分析新能源场站并网规模、运行工况、控制参数、集电网络等因素对故障特性的影响；归纳总结主导因素，结合分群方法，提出计及关键因素影响的机组分群聚类方法；提取单机故障特性中关键特征分量对差异化的完整故障暂态特性进行趋同简化描述，构造包含主要故障特性的用于系统级故障计算的新能源场站聚合等值数学模型。

针对新型电力系统典型场景（如大规模新能源经交流汇集通过交流送出、大规模新能源经交流汇集通过直流送出、大规模新能源经柔直孤岛送出等），建立典型输电方式等电磁暂态仿真模型；研究面向故障仿真的大型电网外部系统简化等值方法。对不同故障位置、不同故障类型、不同故障过渡电阻等故障条件进行仿真，并与故障录波数据进行对比分析，进行仿真模型修正。

结合仿真结果与解析计算结论，开展新能源和新型输电方式聚合情况下的故障特征及规律认知技术研究，分析故障后的电流、电压、阻抗等的特性，总结形成规律性的结论。

3. 新型电力系统中现有继电保护适应性及性能提升

当前电力系统继电保护技术经过很多年的发展，软硬件等各方面已经比较成熟完善，因此，可以根据新型电力系统故障特性、发展过程及传播机理，对线路、元件的主后备保护及线路重合闸动作性能适用性进行研究分析，量化保护适用区间，提出保护适用性提升方法，并通过建立不同新能源集群式高比例接入和柔性直流等新型输电方式聚合的仿真模型，对现有保护适用性及其提升技术进行仿真验证。

（1）新型电力系统典型场景下线路保护适应性与性能提升。

结合实际线路主后备保护配置情况，从保护原理与判据的最佳适用条件入手，评估新型电力系统故障特征与最佳适用条件的匹配程度，从动作时间、保护范围、灵敏度以及可靠性指标入手，以保护安装处短路比（短路电流水平、短路电流倍数）、电力电子装备短路电流占比（可控电流占比）等参数来定量评价线路保护性能，确定不同工况、场景、故障情况下，线路主、后备保护的适用边界。

针对新能源或电力电子设备接入造成现有线路保护的适应性问题，研究线路主保护、后备保护和重合闸性能提升技术。对于线路差动保护，针对新能源或电力电子设备电流受控造成差动保护灵敏性不足的问题，研究基于幅相平面的差动保护性能提升技术；针对新能源送出多点 T 接线路，研究多点 T 接线路差动保护的通信及数据同步方式、多端线路差动保护方案；对于线路距离保护，针对新能源或电力电子设备交流送出线路出口附近发生正向或反向相间故障时造成距离保护拒动或误动问题，研究综合暂态信息的快速判别故障方向的自适应距离保护方法；针对新能源交流送出线路发生经过渡电阻短路故障时距离保护灵敏度不足的问题，研究基于线路两侧保护相继速动的距离保护方法；对于选相技术，针对新能源或电力电子设备接入场景传统电流序分量选相结果不正确的问题，分析故障电流序分量的分配关系，分析其对现有基于电流序分量的选相方法影响机理，研究基于电压量的新型选相方法。

根据各典型场景线路拓扑、新能源机组类型及其运行控制策略、新能源及直流的接入方式，研究故障恢复阶段电压、电流的变化规律，研究重合失败引起风机、交直流系统连锁故障情况的机理。剖析故障相、健全相的电气耦合关系，基于故障特性瞬时特征量提取算法，结合电弧模型、新能源穿越控制、电力电子装置控制响应特性等，研究新型电力系统典型场景的计及新能源故障穿越能力的输电线路重合闸性能提升技术。

（2）新型电力系统典型场景下元件保护适应性及性能提升。

结合实际元件保护配置情况，从保护原理与判据的最佳适用条件入手，评估新型电力系统故障特征与最佳适用条件的匹配程度，从动作时间、保护范围、灵敏度以及可靠性指标入手，以保护安装处短路比（短路电流水平、短路电流倍数）、电力电子装备短路电流占比（可控电流占比）等参数来定量评价元件保护性能，确定不同工况、场景、故障情况下元件保护的适用边界。

研究故障时系统谐波特征与变压器、高压电抗器励磁涌流谐波特征的差异，提出不受新型电力系统谐波特性影响的励磁涌流判别技术。研究故障时系统谐波特征与 TA 饱和时谐波特征的差异，提出不受谐波特性影响的差动保护 TA 饱和判别技术。研究新能源弱馈特性造成差动保护灵敏性不足的原因，提出差动保护灵敏度提升技术。研究换流器控制策略对高压电抗器匝间保护的影响，提出改进的匝间保护方法。分析宽频振荡对变压器、高压电抗器等主设备带来的损耗增加、异常发热等影响的机理，研究异常运行工况下主设备的耐受能力及保护方法。

4. 不依赖电源特性的继电保护新原理

现有保护的不适应主要原因为新型电力系统电源特性与传统旋转同步机的差异，可以研究不依赖电源特性的继电保护新原理解决电源特性的差异问题，如基于时域或频域信息、暂态量信息的线路和元件保护新原理。

（1）不依赖电源特性的单端量线路保护新原理。

对于故障初瞬阶段，研究故障行波的传播规律和行波叠加反射波后形成的暂态电气量的分布特征，分析故障行波波前受过渡电阻、故障距离等因素的影响，建立故障行波波前和故障信息的关联关系，研究不同类型线路边界对故障行波波前的作用，分析暂态电气量的时/频域特征。提出行波波前、暂态电气量故障信息的描述方法和提取技术，提出基于暂态电气量信息的输电线路单端快速保护新原理，利用提取出的故障信息构建保护判据。

对于换流器动态调节阶段，分析集中参数线路模型误差，将贝瑞隆模型与集中参数模型融合进行故障定位，最大程度消除线路分布电容的影响，提高故障测距的准确度；基于集中参数模型进行初步故障定位，综合考虑其定位结果的误差范围并确定其置信区间，利用贝瑞隆模型将电压电流计算至故障点前而不越过故障点；基于计算点的电压电流，利用集中参数模型再次进行线路故障定位计算。研究降低故障暂态过程及计算误差对于拟合计算过程影响的算法原理，提高暂态信息的利用率从而提高保护动作性能，将计算点向故障点靠近，最大程度地消除线路分布电容所带来的影响并得到最终的故障定位结果，结合工程实际研究线路参数波动对故障定位可靠性的影响，研究不同过渡电阻及系统振荡对故障定位速度的影响，综合考虑新型电力系统实际情况及单端故障定位算法的性能，构建不依赖电源特性的单端量继电保护新原理。

研究暂态排序、稳态确认单端量延时段后备保护。对于故障稳态，利用小波变换等方法分析暂态电压、电流的时频特征差异，建立暂态信息的分布规律。研究数据窗的选取原则，寻求扩大暂态特征差异的时/频分析方法。利用拟合的方法提取暂态信息中仅反映故障位置且不受故障类型、过渡电阻影响的指数系数，得出基于指数系数的反时限特性方程，以此为依据计算反时限动作时间，从而实现自适应整定的反时限级差配合。利用已有的定时限过电流保护定值实现稳态确认，提出暂态排序、稳态确认的单端量后备保护新原理，仅利用网络拓扑带来的上下级保护间的自然差异实现自适应排序，不受母线上所接分支类型的影响和电源特性的影响。

研究基于线路边界辨识的单端量后备保护。利用线路并网联结及最小二乘法的特性作为故障位置判定的主要依据，基于新型电力系统的典型拓扑构建线路模型，将本级保护安装处的电压电流作为初始条件进行拟合计算，若故障发生在本线路，则拟合误差趋近于零，若故障发生在本段线路外，则拟合误差较大，即可通过选取合适的拟合误差门槛值即可判断故障位置。

（2）不依赖电源特性的双端量线路保护新原理。

研究区内、外故障模型的差异。输电线路区内、外故障的故障点不同，故障电流回路不同，两种故障的等效端口网络不同，区内故障模型与区外故障模型就会显现相当大的差异。分析两种故障对应的电路模型的结构差异（如电力元件个数、性质、参数等），分析电路模型的差异带来的等效数学模型的差异（如方程的阶数、系数等）。研究不受故障类型影响、仅反映故障位置特征的故障特征模型，揭示区内、外故障模型本质差异。利用输电线路区内、外故障的模型差异可以有效判别区内、外故障。

研究不依赖于电源特性的双端量保护新原理。通过计算模型误差来区分输电线路区内、外故障，如区外故障时故障模型基本匹配，模型误差基本为零；当区内故障时故障模型不匹配，模型误差大于零。基于此，形成模型识别新原理保护。① 基于分布参数频域模型识别的纵联保护：根据分布参数线路的故障网络分析，建立出区内外故障的故障模型，根据两种模型的模型误差来识别故障。② 基于纵联阻抗的输电线路纵联保护：线路两端电压相量差除以线路两端电流相量和即纵联阻抗，分析纵联阻抗的幅值和相角在区内、外故障时的特性，利用其区内、外故障时特性的差异提出纵联保护方案。③ 适用于带并联电抗器输电线路的电流模型识别纵联保护：针对两端带并联电抗器的输电线路，研究区外故障时故障电流各个频点满足的数学模型，通过对电流模型的识别实现故障位置的判断。

研究所提双端量保护原理受互感器特性、数据不同步影响。研究互感器传变特性对保护可靠性的影响；研究电流、电压互感器传变特性差异对保护可靠性的影响；研究测量数据不同步对保护可靠性的影响。在此基础上，分析双端量保护的适用边界，给出保护的最佳适用条件；研究双端量保护最佳适用条件的量化指标。基于等效原则寻求模型误差的简单表征，在保证保护可靠性的前提下研究降低模型误差计算量的方法。研究系统噪声、谐波及衰减非周期分量影响消除技术及快速向量提取技术。

（3）不依赖电源特性的元件保护新原理。

在母线保护方面：建立母线时域模型，分析母线模型的拓扑、参数在母线发生区内、外故障时的特征，研究反映区内、外故障特征差异的模型/参数特征，在此基础上，研究基于综合阻抗的母线保护新原理。

在变压器保护方面：建立变压器时域模型，研究不同铁芯结构的励磁等效关系，建立统一的电感参数表达式，研究区内、外故障变压器等效电路拓扑结构和等效电路参数的变化，分析等效电路中励磁电感在正常运行、铁芯饱和以及内部故障时的差异，在此基础上，研究基于励磁电感参数识别的变压器保护原理。

在电抗器保护方面：建立电抗器时域模型，研究电抗器区内、外故障时模型/参数的特性及差异，提出并联电抗器基于等效电感识别的保护新原理。针对容量可连续调节的并联电抗器，提出基于等效漏电感参数辨识的电抗器保护新原理。

研究通过时域或频域信息快速获取特征参数的数学计算方法；研究谐波及衰减非周期分量、互感器传变特性、系统噪声等因素对参数计算误差和算法收敛性的影响；研究不依赖电源特性的变压器、母线、高压电抗器等元件保护实用化判据。

5. 电力电子设备主动支撑保护需求的控保协同

利用电力电子设备可控性，在满足自身设备安全和系统稳定要求的前提下，通过优化电力电子设备控制策略为交流保护判别故障创造条件。

（1）计及继电保护故障辨识需求的电力电子设备控制策略。

研究传统交流保护原理在实现快速、准确辨识故障时对电气量时/频域特征、电源特性、线路模型方面的要求。

从保护原理的最佳适用条件和适用范围出发，研究在满足自身设备安全和系统稳定要求的前提下，适应现有交流保护判别故障要求的电力电子设备控制策略。进一步地，从阻抗波动程度、电气量稳定度、支撑强度（幅值大小、持续时间）等方面出发，研究反映电力电子设备控制对继电保护故障辨识支撑程度的指标。

研究电力电子设备故障电流相位控制、阻抗控制、限流控制等策略的改进方法，从而提出适应现有交流保护辨识故障需求的电力电子设备故障控制策略。

（2）基于主动信号注入的交流线路保护和自适应重合闸方法。

注入信号产生机制。评估柔性直流换流设备、储能并网设备等不同类型变流器拓扑结构设备在故障不同阶段注入探测信号的便利性，根据所需保护性能确定注入设备类型、个数。在此基础上研究故障后换流器动态调节阶段、故障稳态阶段注入探测信号的时刻和持续时间，并研究故障不同阶段注入探测信号的波形、幅值和频率的选择原则。此外，研究单设备在故障不同阶段产生特征信号的附加控制策略，研究多个设备同时注入时的协同配合机制，研究多类型注入设备在故障不同阶段注入探测信号的启动判据。

注入信号响应特征与提取方法。研究探测信号注入后响应特征与故障暂/稳态特征的解耦分析方法，建立线路不同状态下响应特征的数学模型。研究设备在正常状态下注入特征信号后的电网响应特征，给出正常状态下响应特征的解析表达式并进行仿真验证。研究设备在故障不同阶段注入探测信号后电网的响应特征，给出故障状态下响应特征的解析表达式并仿真验证。分析网络拓扑、故障类型、过渡电阻、故障位置、线路参数等对线路正常和故障状态响应特征的影响，以及反映电力电子设备注入信号改变电网状态能力的注入信号强度指标。

基于注入信号的保护新原理。利用线路不同状态下响应特征的差异，研究在换流器动态调节阶段、故障稳态阶段注入特征信号的交流保护新原理，研究利用电力电子设备增加故障特征信息量的附加控制策略，以及提升现有交流保护故障辨识性能的主动注入附加控制策略。研究反映注入信号对保护判别故障支撑程度的注入信号辨识度指标。

基于注入信号的自适应重合闸研究。基于被保护线路的参数与拓扑关系、故障线路与健全线路的电气耦合关系，研究基于主动信号注入的线路瞬时性/永久性故障判别原理，以及适用于环网、辐射型电网等拓扑结构的主动信号注入式自适应重合闸方法。

（3）基于控保协同的系统设计及设备研制。

与保护新原理研究不同，电力电子设备主动支撑保护涉及保护与控制系统之间的协同，需要研究相应的系统设计和研制设备，以实现原理方法。

研制具备内电势及阻抗控制、主动注入式控制的电力电子设备；考虑实际换流器控制装置的执行周期、采样延迟、滤波特性，对附加控制环节进行有效地补偿，提升附加控制策略在运行时的准确性和响应速度。针对主动注入式保护原理，研究电力电子设备与保护装置间快速、可靠的通信技术，保证线路故障时电力电子设备可靠触发注入信号。研究注入信号特征提取的软、硬件滤波模块；研制注入信号捕捉单元；研制主动注入式交流线路保护和重合闸设备。

6. 新型电力系统继电保护整定计算

无论是现有保护的性能提升、新原理保护，还是电力电子设备主动支撑保护需求的控保协同技术，只要需要定值整定计算（如灵敏度、上下级配合等），都不可避免地需要新能源电源的整定计算模型。因此，需要研究适用于整定计算的风电、光伏及储能单机、场站及场站群等值模型和短路电流计算方法，以及新能源场站及电网运行方式的选取原则，研究新型电力系统整定计算原则优化方法和基于新型继电保护原理的整定方法，并能在整定计算系统中实现。

（1）新能源场站建模及电网短路电流计算方法。

基于新能源电磁暂态仿真模型，分析新能源送出线路发生对称或不对称故障、金属性或经过渡电阻故障等不同类型故障时短路电流序分量、相角与电压的关系，分析新能源送出线路首端、中点、末端等不同位置发生故障时短路电流序分量、相角与电压的关系，分析新能源送出线路故障后主保护、后备保护动作时段内故障电流序分量、相角与电压的关系，分析机组出力对于各工况下电流、电压关系的影响。

在电流、电压关系仿真分析的基础上，结合故障后控制响应特性分析，分别给出不同故障类型、不同过渡电阻、不同机组出力下新能源短路电流序分量与电压的故障特性曲线、短路电流相角与电压的故障特性曲线，利用故障特性曲线建立适用于整定计算的风电、光伏及储能单机故障计算模型。基于单机故障特性曲线，研究新能源场站故障特性曲线的等值计算方法，建立适用于整定计算的风电场站、光伏电站及储能电站故障等值计算模型。对于新能源场站群，充分考虑不同新能源场站故障特性的相互影响及聚合关系，建立适用于整定计算的新能源场站群故障等值计算模型，形成适用于不同保护的短路电流计算方法。

分析新能源场站的不同运行方式对于短路电流序分量与电压的故障特性曲线、短路电流相角与电压的故障特性曲线的影响。研究整定计算过程中的新能源场站大、小运行方式的选取方法，以及不同位置、不同类型故障对分支系数的影响，研究新型电力系统整定计算用分支系数的选取原则。

（2）新型电力系统整定计算原则研究及系统开发。

研究新能源接入对于现有定值整定原则的影响，分析现有定值整定方法的适用性。研究符合实际需求并且技术可行的新型电力系统整定计算原则和方法，对于新保护原理研究其保护定值的整定计算方法。在此基础上，开发含新能源场站的电网整定计算模块（包括含新能源场站短路电流计算功能和整定配合计算功能等），将前述的各项研究成果落实在运行整定实际工作中。

7. 新型电力系统继电保护验证

针对新型电力系统的多样化控制策略及各类型保护原理、技术，应有相应的验证平台及验证技术。

根据各种新型电力系统典型场景，包括新能源经交流汇集外送、新能源经交流汇集直流外送、新能源经柔直孤岛送出，搭建各种一次设备的数字仿真模型及典型控制策略模型，设计控制策略灵活可调的模拟控制器，研究建立适应新型电力系统多样化控制策略的典型场景实时数字仿真平台，并实现新能源物理模型与模拟控制器的数据接口。在数字仿真平台和物理模拟平台中，根据新能源电场接入强、弱电网等场景分别建模，模拟新能源不同配比等多种运行方式，模拟多种类型故障，开展数字仿真与物理模拟的故障特性比对。

针对新能源经交流汇集外送、新能源经交流汇集直流外送、新能源经柔直孤岛送出等新型电力系统典型场景，研究新能源不同配比以及功角、频率、谐波变化等不同运行工况下不同类型故障的模拟方法，研究适应新型电力系统多场景、多方式下现有继电保护性能提升、新原理保护、电力电子设备主动支撑保护需求的控保协同等原理、技术的验证方案。

4.3　宽频振荡分析与抑制技术

大规模新能源并网给电网带来的变化之一是电力电子设备的大量接入，如新能源并网变换器、新能源场站的静止无功发生器以及储能设备；此外，输电侧的柔性直流输电系统、大规模储能及配电侧的分布式发电、电气化轨道交通等也给电网带来了大量的电力电子设备。与传统电力系统相比，具有"双高"

特征的新型电力系统，存在惯性水平低、多时间尺度交互复杂以及电气设备异构化严重等特点。随着新能源渗透率和电力电子化水平的不断提高，由电力电子设备控制主导的电磁振荡过程凸显，而电磁振荡和机电暂态过程相互交织，电网的动态过程势必会出现诸多新的稳定性问题和现象。其中，电力电子设备之间及其与电网之间相互作用引起的宽频振荡问题尤为突出，其振荡频率带宽的覆盖范围从几赫兹到上千赫兹，具有明显的多模态、幅频时变特征。2015 年 7 月 1 日，哈密地区风电场发生了 30Hz/70Hz 左右的次/超同步振荡事件。在该振荡事件中，次/超同步振荡的能量在多级电网中传播，造成数百公里外的火电机组停运，从而造成该地区出现频率稳定性问题。宽频振荡不仅会影响电网电能质量和设备安全，而且会诱发系统性稳定问题，进而影响新能源消纳水平。因此，如何解决新型电力系统宽频振荡问题，是保障电力系统安全稳定运行，促进新型电力系统发展必须面临和解决的问题之一。

4.3.1　新型电力系统的宽频振荡风险

新型电力系统中高比例新能源和电力电子设备的广泛接入，各种形式电气设备同时存在且相互作用，"机—电—磁—控"的高维度复杂非线性相互作用，源—网—荷各部分电力电子变换器及其控制通过复杂交直流电网耦合形成的多时间尺度的动态相互作用，导致电力系统在各频段范围内互动耦合的行为异常复杂。

电力电子设备在其控制系统逻辑下，对于外界扰动的响应，在特定频段范围内呈现出的阻抗特性与的大电网之间相互作用，构成 LC 振荡电路，若系统整体呈现负电阻特征则会存在不稳定的谐振点，从而引起振荡现象。在次/超同步频段，直驱风电机组呈现容性，电网呈现感性；鲁西柔性直流输电系统发生高频振荡时，柔性直流输电系统的电力电子设备呈现感性，而电网呈现容性特征。当多个电力电子变换器交互时，则与电网之间形成复杂的阻抗网络，从而导致在宽频范围内存在多个振荡模式，频率范围从几赫兹到上千赫兹，而且电力电子设备和电网的运行方式多变，会引起宽频振荡模式的时变特征。

从目前已发生的宽频振荡事件来看，宽频振荡不是单一模式的局部振荡，而是涉及多电气设备的全局复杂问题。宽频振荡一方面会引起电气设备的过电压、过电流，危及新能源发电设备的正常运行，如次/超同步振荡造成风电机组撬棒电路损坏，造成设备损坏、导致新能源机组的脱网等。另一方面，会影响电网电能质量、造成变压器异常震动等，影响电网供电可靠性，造成电力设备故障或损坏，如额外增加电力电子设备的过流应力，影响电气设备的使用寿命。此外，宽频振荡会引起振荡能量在多级电网之间传播，影响功率控制装置的正常运行，宽频电磁振荡引起电网电压或电流越限，使电力系统保护装置动作，可能会导致大规模新能源发电机组或传统发电机组脱网，造成电力系统区域性甚至全局性的稳定问题。

4.3.2　宽频振荡的监测

目前的广域监测系统（wide area measurement system，WAMS）是以同步相量测量装置（phasor measurement unit，PMU）的监测数据为基础，能够实现大跨度电力系统动态的实时在线监测、分析和控制。但现有 PMU 只能监测工频附近的相量信息，不能涵盖宽频振荡的频率变化范围。因此，传统 WAMS 系统的应用主要集中于电网运行特征分析、低频振荡分析暂态稳定控制等方面，无法实现宽频振荡的监测和分析。

为有效应对宽频测量需求，兼容现有测量设备及测量体系的宽频测量方法不断发展。比较有代表性的有国家电网有限公司提出的电力系统广域宽频测量系统、清华大学提出的"双高"电力系统宽频振荡广域监测与预警系统和许昌许继提出的基于 PAC 平台的高精度宽频测量装置。表 4-2 列出了这三个代表性系统在系统架构、宽频测量装置功能和宽频测量算法方面的描述。宽频测量方案都包含信号检测和参数测量两个环节，但具体实现主要基于 FFT/DFT（实现宽频信号频谱估计）和插值 DFT（正弦波参数估计）算法。"FFT+插值 DFT"固然表现出形式简单计算快速的优点，能够实现宽频测量的基本功能，但相关研究表明，在新型电网下宽频振荡表现出明显的时变和非平稳特性，电力线路宽频段内噪声和干扰分布较为复杂、差异性较大，这种基于确定性多谐波信号模型的检测和估计算法难以获得较好的性能。

表 4-2　　　实现电力系统宽频测量的三种代表性方案

	方案 1（电力系统广域宽频测量系统）	方案 2（"双高"电力系统宽频振荡广域与预警系统）	方案 3（基于 PAC 平台的高精度宽频测量装置）
系统架构	（1）宽频测量主站：宽频广域分析，可视化展示； （2）宽频处理单元：长录波站域数据分析，主子站协同； （3）宽频测量装置：高速同步采样，工频相量测量，非同步电气测量，次/超同步及宽频振荡监测	（1）WAMWS 系统主站：同步相量数据及其他监测数据存储中心，高级应用计算中心； （2）宽频振荡数据集中器； （3）宽频振荡测量单元	（1）宽频测量主站：数据存储与分析； （2）站域存储与分析装置：站域数据存储与分析； （3）宽频测量装置：谐波和间谐波测量，宽频振荡检测与监测

	方案 1（电力系统广域宽频测量系统）	方案 2（"双高"电力系统宽频振荡广域与预警系统）	方案 3（基于 PAC 平台的高精度宽频测量装置）
宽频测量装置功能	（1）高速同步采样：采样率≥12.8kHz； （2）同步相量测量； （3）非工频电气量测量：电流、电压 50 个谐波、间谐波子群，电流、电压主导分量 0～2500Hz； （4）次/超同步及宽频振荡监测	（1）高速同步采样：采样率9.6kHz； （2）同步相量测量； （3）次同步振荡测量：采样率范围 0～100Hz； （4）谐波测量频率分辨率1Hz	（1）高速采样：采样率 12.8 kHz； （2）2～50Hz 谐波测频、100～2500Hz 范围内谐波测量、0.1～2.5Hz 低频振荡监测、2.5～45Hz 次同步振荡监测、55～95Hz 超同步振荡监测、100～300Hz 宽频振荡监测
宽频测量算法	（1）同步采样和频率跟踪重采样相结合，按频段适配数据窗，支持宽频域频谱计算，兼容测控、PMU 算法标准，提升测量准确度； （2）应用窄频测量模型综合评估谐波、间谐波和振荡频率，实现非平稳条件下振荡事件的灵敏捕捉； （3）基于加窗校正算法精确测量主导分量频率、幅值、相位，支持区域范围内谐波/间谐波电流，振荡功率流向分析	（1）同步采样和频率跟踪重采样相结合，按频段适配数据窗，支持宽频域频谱计算，兼容测控、PMU 算法标准，提升测量准确度； （2）应用窄带测量模型综合评估谐波、间谐波和振荡频率，实现非平稳条件下振荡事件的灵敏捕捉； （3）基于加窗校正算法精确测量主导分量频率、幅值、相位，支持区域范围内谐波/间谐波电流，振荡功率流向分析	基于 FFT 的双峰频谱插值算法实现谐波和间谐波监测和频率、幅度和相位测量

在宽频信号的快速跟踪和精确测量方面，快速傅里叶变换（fast Fourie transform，FFT）及其改进算法因其计算量小、易于硬件实现等优点现已广泛应用于电力系统电气量频谱分析。其对于频率间隔较大且相对稳定的整数次谐波具有较好的测量效果，但 FFT 存在由于信号截断造成的频谱泄漏问题和离散频谱带来的栅栏效应等问题，这使得 FFT 的频率分辨率与时间窗长成正比，即需用较长的时间窗才能达到较高频率分辨率。这就导致其在对快速变化的 0～300Hz 的频率分量进行测量时，无法同时兼顾测量精度与跟踪速度。

小波变换具有时频局部化特性，可以通过伸缩和平移等变换对信号进行多尺度的细化分析，相当于一个带通滤波器，具有比 FFT 方法更好的频率分辨率，能够实现电力系统谐波信号的检测。可以在信号的低频部分具有较高的频率分辨率和较低的时间分辨率，在高频部分具有较高的时间分辨率和较低的频率分辨率。但小波变换可能会产生频带重叠，存在混频现象，当分析同时具有谐波和间谐波的信号时频带的能量扩散到周围频带上，产生频谱泄漏，进而使算法精确度降低。

Prony 算法和其改进算法作为常用的参数模型谱估计方法，是以若干个指数函数去拟合被测信号从而进行频谱分析，被测信号波形越光滑，该方法对信号参数的辨识就越准确。但其需要求解两组齐次方程和一次多项式，因此具有较大的计算量，而且该方法对波形光滑度要求较高，因此难以应用于含噪声的场景中。

空间谱估计是一种空域处理技术，由于其具有"超分辨"的特性，可以同时保证短时窗和高分辨率两方面的性能，因而也可以用来估计密集频谱参数。特征子空间类算法是空间谱估计方法的一个重要分支，其从处理方式上可分为两类，一类是以多重信号分类方法为代表的噪声子空间类算法，另一类是以旋转不变子空间方法为代表的信号子空间类算法。其中噪声子空间类算法利用信号子空间和噪声子空间的正交性来实现间谐波频率的估计，具有较高的频率分辨率，但因为需要进行谱峰搜索，计算量较大，不利于实时运算。信号子空间类算法则利用信号子空间的旋转不变性实现对间谐波频率的估计，不需要进行谱峰搜索，计算量相对较小，且能更好地跟踪信号快速动态过程并降低时间窗的平均化效应。

4.3.3　宽频振荡的抑制与防御

目前，针对风电、光伏等新能源系统，解决宽频振荡的主要手段是在机侧和网侧施加抑制措施。

机侧振荡抑制主要是在电力电子设备的网侧变流控制器（grid side controller，GSC）和转子侧变流控制器（rotor side controller，RSC）施加措施以提高新能源机组的阻尼水平，从而实现宽频振荡稳定控制。目前提出的技术措施主要有：调整变流器控制参数和附加阻尼控制等。调整控制参数是通过离线修改新能源机组变流器中与振荡强相关的控制器参数，增强新能源机组阻尼特征，机组侧附加阻尼控制是通过选择合适的控制结构及输入信号，不破坏新能源机组控制器原有运行模式的前提下，在控制器中增加新的控制回路，提高新能源机组对宽频振荡起到正阻尼的作用。但上述技术措施，在系统发生新振荡模式后，需要针对该特定振荡模式点或振荡频段，离线修正控制器参数或结构，才能保证系统的稳定运行。

网侧振荡抑制技术是在发生宽频振荡的元件出口线路上部署或改造抑制装置，通过控制抑制装置吸收/释放能量或提高系统阻尼，实现振荡抑制。目前采用的主要是串联型和并联型 FACTS 装置。相较于串联型 FACTS 装置，基于并联型 FACTS 装置的振荡抑制措施，具有灵活投入或退出电网的特点，适合在实际工程中应用。但不论是并联型还是串联型 FACTS 装置的谐振抑制技术，工程中已经投运的抑制措施基本以针对特定运行场景下的振荡进行抑制，不具备自适应调节能力。

有研究借鉴电网安全防御体系的三道防线的概念，根据宽频振荡引起的电网运行状态，采取相应措施，构建防御体系。

（1）预防控制。系统规划及正常运行阶段的宽频振荡风险评估与预防控制。在电网近期及远期规划阶段，对目标系统进行宽频振荡风险评估，选择合理的新能源机组类型和参数，避免预想运行方式下系统发生宽频振荡，同时在正常运行阶段，以宽频振荡稳定为目标，寻找安全运行边界，以此结果对电网运行方式进行监控与调整，保障系统正常运行。但是，由于宽频振荡是多设备与电网之间在不同时间尺度下多元件动态相互耦合的结果，仅靠简单等效系统的时域电磁暂态仿真难以满足大规模电网在不同频率范围内的宽频振荡评估要求，需要从频域角度构建不同的宽频振荡分析模型，与时域模型的分析结果相互对比、相互验证，从而形成可靠的宽频振荡风险评估结果。同时，宽频振荡与运行工况、设备/系统参数等都有密切关系，应当构建与工况、参数等多个维度相关的分析模型，进一步研究如何快速搜索目标系统的安全运行边界，尽可能多地形成预防控制策略集合。

（2）稳定控制。主要通过分布于机侧或/和网侧的宽频振荡稳定控制装置动作，主动提高系统阻尼，保障电网的稳定运行。但是，为了能够提高系统阻尼等，可能需要引入新的控制技术、开发新的控制设备、设计新的控制结构等。这些新技术的引入在解决宽频振荡问题的同时，也有可能会带来新的挑战。例如，"自适应"控制技术满足了对宽频振荡幅频时变特征的要求，但需要进一步提高宽频振荡的监测速度和精度；又如，在设计宽频稳定装置算法时，需要充分考虑不同时间尺度振荡模式之间的相互影响，利用鲁棒优化、自适应控制等技术，提高稳控装置对宽频振荡特征的适应性，以满足实际工程需求。另外，针对新能源机组可探索新一代电力系统稳定控制器，使其适用于多类型振荡问题，并提出机—网协同控制策略，实现宽频振荡的稳定控制。

（3）紧急控制。宽频振荡失稳后的广域协同与紧急控制，在宽频振荡发散失稳或大幅度持续振荡时，为防止宽频振荡大规模扩散、引起停电事故发生，采取紧急保护措施，使系统恢复稳定运行，避免大量机组脱网及设备损坏等。宽频振荡的准确监测是在线紧急控制的前提和基础，在宽频相量监测时，需引入新的相量计算方法，充分考虑宽频振荡幅频时变特性、克服多振荡模式相互影响，进一步提高宽频相量的监测精度和速度。在制定紧急控制措施时，需要在合理的时间范围内，快速地从大量新能源机组、场站中精准筛选出有效的控制对象，来应对新型电力系统宽频振荡多源、多形态、频率时变和广域传播等复杂特性。

4.4 网络安全风险分析与控制技术

4.4.1 新型电力系统网络安全风险现状

2021年3月15日，中央财经委员会第九次会议首次提出构建新型电力系统。作为碳达峰、碳中和的重要实现途径，新型电力系统建设上升为国家战略，迎来重大发展机遇。

新型电力系统具有安全高效、清洁低碳、柔性灵活、智慧融合的重要特征，对电力系统的供给结构、系统形态、调控模式等方面提出了新的要求。供给结构方面，以化石能源发电为主体向新能源提供可靠电力支撑转变，新能源逐步成为绿色电力供应的主力军。系统形态方面，从传统的源随荷动向源网荷储多元互动、协同运行转变，形成"分布式"与"大电网"兼容并存的电网格局。调控模式方面，由单向计划调度向源网荷储多元智能互动转变，实时状态采集、感知和处理能力逐渐增强。

从技术角度看，新型电力系统"源网荷储"多元互动、协同运行的技术基础是数字化。"云大物移智链边"等数字化、智能化技术在电力系统源网荷储各侧逐步融合应用，电力配置方式向高度感知、双向互动、智能高效转变，业务应用呈现"复杂业务互联互通、海量主体感知接入、海量数据交互共融"共性特点。

从业务角度看，新型电力系统，呈现多能协同互补、源网荷储联动、多网融合互联等三大形态。

电源侧，高比例大规模新能源通过不同的通信方式接入电网，分布式设备采集监控能力不断提升，新能源电站的高度信息化促使发电功率等相关数据实现"可观、可测、可控"。源侧业务与网侧双向互动更加频繁，参与源源互动、源网互动。同时，更加注重电源侧各类数据分析，以支撑电力交易、碳交易等业务应用。

电网侧，各环节业务系统间的衔接更加紧密，大数据应用、共享能力急剧提升，交互的数据类型更加丰富、交互频率更加频繁；随着负荷端更加多元化、复杂化，调度范围将急速扩张，依托云计算、大数据、人工智能等技术支撑，智能电网调度支持系统全面升级，增强在线实时风险预警、精准控制能力，满足分布式发电、储能、多元化负荷发展需求；采集和控制的对象范围更广、规模更大，依托数字化平台建设或升级提升采集控制能力，实现电网状况全息感知。

　　负荷侧，基于智能量测技术、信息通信技术，使得以虚拟电厂为代表的负荷侧聚合商能够实现对可控负荷的监测与控制；负荷结构将更加多元化，依托"云大物移智链边"等技术，基于"互联网＋"新模式，可控负荷、可中断负荷、电动汽车充电网络等柔性负荷广泛接入，使得负荷侧与源、网、储之间的多向互动增强，大幅提升了新型电力系统的灵活调节能力；基于负荷运营商、虚拟电厂运营商、综合能源服务商等第三方服务商广泛参与到电力交易、需求响应、负荷管理等业务中，电力系统与外部机构的数据交互剧增。

　　储能侧，在业务应用方面，储能作为灵活性资源，多元化储能系统通过不同通信方式接入电力系统，深度参与电力交易与调度运行，发挥削峰填谷的双向调节作用；同时，依托云平台、大数据分析等技术，储能系统深度挖掘实时数据，提升运行效率，实现灵活部署；在运维管理方面，基于大数据、人工智能技术、边缘计算等技术，储能系统具备自我诊断、告警、自我修复等自动化运维管理能力。

4.4.2　新型电力系统网络安全风险分析

1. 整体风险分析

　　新型电力系统附加了众多新业务场景（风光互济能源外送、整县光伏、需求侧响应、分布式光伏、微电网）和新业务系统（智能融合终端数据接入、实时量测中心），电网拓扑结构更加复杂，呈现新能源占比高、供需双向智能互动、传统网络安全风险与物理安全风险相互交织等全新特征，使得数据传输及安全保障难度大为提升。在能源转型及数字化转型背景下的新型电力系统多网融合、架构开放，发电企业、电网企业、第三方运营商、政府机构、交易机构、电力用户等多元主体参与，系统组成复杂、终端设备众多，使得网络边界不断延伸、数据交互更加频繁，给新型电力系统安全稳定运行带来更多网络安全风险。

　　整体上看新型电力系统面临着网络结构、数据暴露、新技术应用三大风险：

　　（1）网络结构性风险。

　　新型电力系统安全边界模糊不清，如电动充电桩、智能楼宇、虚拟电厂、储能集成等新能源可调节负荷的多样化接入，网络空间更加庞大和复杂，分布式设备多处于无人值守的开放物理环境中，容易遭受篡改、破坏等，网络暴露面日益扩大，攻击跳板增多；新型分布式终端类型繁多，数据传输方式尚未标准化，接入以无线公网为主，缺乏统一的安全防护技术标准，存在带病入网等问题；不同业务的分布式终端对电网基于分区隔离的安全防护架构带来冲击，管理难度进一步增大。

新能源发展呈现出集中式与分布式并举的态势，不同投资主体的配电网、风电、光伏及电动汽车充电设施等设备接入电网，新能源、电力电子装备将出现爆炸式增长和海量接入。供给侧，清洁能源、储能等系统接入环境复杂；需求侧，新能源汽车、充电桩等智能用能终端本质安全难以保证；平台侧，物联平台深化发展，接入通道形式复杂多样，网络边界不规则扩展。新型电力系统下的广接入已打破现有的边界防护体系，网络结构性风险凸显。

（2）数据暴露性风险。

新型电力系统下，数据成为关键生产要素，深度参与现代能源体系构建的各环节，业务上云、应用下沉，使得数据权益归属、开放共享义务、流通机制、隐私保护、安全监管等方面亟待明确，合规管控压力攀升，数据安全管理难度显著增加。

新型电力系统具有强大的包容性，横跨多个领域。其利用物联网技术对接热气管网、交通网络等能源系统，逐步成为综合能源系统。新的市场格局和交易方式将会随着新型电力系统的发展而诞生并逐步完善。参与电力市场交易的主体越来越多，由于公共设施平台数据共享和交互的需要，一是对电力市场交易数据、用户隐私数据等敏感数据的完整性、保密性、可用性保护将进一步加大，存在泄密、篡改的风险；二是源网荷储各业务系统数据交互更频繁、数据类型更丰富，新型电力系统的部分参与主体未对涉及生产数据、用户数据、经营管理数据进行分类分级，缺乏统一、有效的数据安全共享技术与管理措施，存在重要数据、敏感数据泄露、被篡改等风险；三是用电负荷以及负荷集成商、其他能源链缺乏有效的网络安全防护措施，存在安全隐患，利用其集中管控平台漏洞可操控集成商下辖的所有可调节负荷资源，进而造成电力系统故障。

（3）新技术应用性风险。

以"大云物移智链边"为代表的新技术与新型电力系统有机融合，移动应用已经融入生产作业、企业管理、业务服务各个环节，业务应用呈现出"应用复杂化、边界动态化、用户开放化和终端移动化"等特点，新技术为业务应用提质增效的同时，针对新技术的攻击同样层出不穷，带来了终端应用管控困难、传统防护机制失效等方面的安全挑战。

大数据、云计算、物联网、5G通信、人工智能、区块链、边缘计算等新技术在电力行业中发挥越来越重要的作用。5G、IPv6技术实现新能源及电力电子设备高速、友好接入；边缘计算、物联网等技术支撑实现就地决策与增值服务；大数据、云计算、人工智能等技术，实现可赋能生产管理和生产决策，新技术下的电力监控系统为支撑电网安全稳定运行，推进新能源及系统调节资源的可观、可测、可控能力体系建设提供技术基础。而新技术的网络安全内生隐患，如网络融合、传输安全、漏洞缺陷等，在与新型电力系统融合应用中将带来新的风险。

2. 感知层风险分析

在新型电力系统的背景下，新型业务终端不断涌现，海量异构终端分别部署在不同现场环境，呈现多样化、开放化的特点。这些终端设备功能单一、运算能力差异大、存储能力有限，但由于新型电力系统业务跨度大，种类多，通信协议和电力系统专属网络种类繁多，其中不乏出现缺乏认证机制和加密措施难以管理等现象。这些因素加大了暴露设备被攻击的风险。因此现有的身份认证、安全加密等防护措施难以全面覆盖，防护要求难以统一落地。

攻击者可以直接访问智能电表、传感器和网络上的其他传感设备的内存，进行攻击，随后读取敏感信息，如诊断端口；可以监视和窃听网络接入点，入侵加密网络，以获取智能电表中的敏感数据；可以破坏和限制对智能电表的访问。大多数智能终端的操作系统不安全、不可靠，存在安全风险，如弱口令或软件漏洞，攻击者可以利用这些漏洞直接控制系统中的智能终端或植入恶意软件。

（1）终端本体风险。

电力系统智能终端芯片发展起步晚，现有成果不完善，自主可控程度低、安全设计不足是当今亟需解决的主要问题。非自主研发产品可能存在漏洞、后门等安全隐患，而这些问题在新型电力系统的开放下将被日益放大，安全威胁更为突出。

海量分布式终端设备类型多样、运算能力不尽相同，部分身份认证、安全加密等防护措施难以全面覆盖；有的终端以无线公网方式接入，存在系统原生的安全隐患；多数终端设备、监测装置处于无人值守的开放物理环境中，容易遭受物理利用、固件篡改等攻击。

（2）物理环境风险。

新型电力系统中的系统设备的物理环境的安全性，是所有安全的基础。储能侧、负荷侧，甚至部分电源侧的中小型企业、机构等，对机房物理环境安全认识不到位，物理环境缺乏足够有效的安全防护措施，可能影响网络、主机和业务的连续性，存在重要业务数据丢失、关键业务被紧急中断等风险隐患。

部分新型电力系统本身的二次采集设备部署于极端的环境中，磁场、磁极等都可能会给设备带来影响和干扰，导致数据采集不准确以及不完整状况的发生。例如，一些设备安装在箱体内部，电磁屏蔽影响了无线通信天线的信号稳定性，使得数据交互出现异常。

（3）终端接入风险。

部分物联网终端是跨专业的综合服务终端，被攻击者非法控制后，可非法获取、篡改相关数据，并进一步突破专业防护，发起全局攻击。当前电力物联网与智能电网深度融合，攻击者可以利用物联网终端，攻击电网，非法获取或篡改电力生产数据，给公司造成巨大经济损失和社会影响。

3. 网络层风险分析

（1）传输通道风险。

在新型电力系统背景下，分布式光伏、无人机、智慧能源服务等新业务的快速发展，使得数据传输方式发生变化。比如在分布式光伏业务中，各类光伏涉控设备在生产控制大区、管理信通大区、互联网区均有接入，如不加以规范治理，将对主站侧的安全稳定运行带来不利影响；比如在无人机巡检业务中，无人机通过在线或离线、公网或专网接入等多种方式开展输变配巡检业务，不规范使用也易导致敏感数据泄露。

（2）传输协议风险。

当前针对电力监控系统的网络攻击很大部分来自对通信传输协议的窃听、伪装、重放等，应对措施主要是传输加密、身份认证、访问控制、数字签名等。目前，电力监控系统广域网边界防护设备大多不具有协议解析和校验的功能，攻击者可能会利用协议漏洞或业务系统逻辑漏洞，跨边界进行网络攻击。

4. 平台层风险分析

新型电力系统大量业务和数据迁移到云平台之上，业务的开放和数字资产的云化已经超出了传统电力系统的物理边界，业务暴露面的大幅增加给入侵和攻击提供可乘之机。云平台中依托的虚拟化技术使得网络边界变得非常模糊，传统的防火墙、入侵检测系统、入侵防御系统等网络安全设备只在物理网络产生效用，不能有效地对云平台网络进行审计、监控和管控。一旦某个移动终端被恶意软件感染可能会纵向侵入平台系统，并利用软件漏洞或逃逸漏洞在云平台内横向传播移动。此外，集中数据上云端进行存储，不同的数据存储在云端中，存取访问的权限处理不当的话有可能会导致数据出现被滥用的现象。这些问题给新型电力系统网络带来潜在威胁，边缘网关设备和传输内容的安全可信均需要得到保障，平台层的安全防护能力也需要强化。

5. 应用层风险分析

由于新型电力系统中融入了各种电子信息技术、专用软件，其中作为基础的操作系统以及其上的相关业务软件、共用数据的数据库、中间件等无法保证绝对的安全，其中可能会有漏洞与威胁。生产管理系统与互联网的数据交互，可能会造成攻击者通过利用漏洞向电力监控系统植入病毒、木马等，进而造成系统重要数据的泄露，更严重的可能会造成系统被操纵或破坏。

不同的应用根据各自特性都有自身的安全性问题。部分业务身份认证方式单一，通常使用用户名和密码进行认证，面临口令破解、身份冒用等攻击威胁。由于应用层协议在设计时缺乏安全性考虑，业务系统内部主机之间使用明文传输数据，缺乏数据完整性保护，由此引入数据破坏、篡改等风险。

4.4.3　新型电力系统网络安全风险应对措施

1. 当前防护体系

新型电力系统深刻改变了电源结构、电网形态、技术基础和业务模式。源于新型电力系统业务应用、网络通信、感知设备等新的安全风险，有可能传导至新型电力系统本身，从而引发重大网络安全事件，需在安全接入、数据保护、监测感知、联动防御等方面提升网络安全防护能力。

针对新型电力系统"复杂业务互联互通、海量主体感知接入、海量数据交互共融"共性业务应用特点，需要在满足法律法规要求基础上，面向业务实现精准防护。一是构筑体系夯实基础。依据国家和行业政策法规和标准规范，构筑安全保护体系，建立网络安全基线，消除安全短板，提高整体水平。二是抓住关键保护重点。遵循网络安全等级保护的基本思想，强化关键信息基础设施和重要系统的安全保护，确保在电力系统占据重要地位的大电源、大电网、大负荷的安全。三是面向业务精准防护。根据业务应用类型、对象、范围、规模、架构等进行具体分析和保护设计，实现对不同安全保护需求应用的精准防护。四是多方合作协同防御。整合电力企业、科研机构、高等院校、安全厂商各方力量，共同应对新型电力系统面临的网络安全风险和挑战。

新型电力系统网络安全防护以国家、行业网络安全政策法规为指引，参照国家网络安全等级保护、关键信息基础设施安全保护、电力监控系统安全防护等有关标准规范，坚持"安全分区、网络专用、横向隔离、纵向认证"的原则，强化"态势感知、备用应急、加固免疫、防护评估"措施，围绕"分级分区分域、安全可信交互、动态智能防护、协同联动响应"四个方面，确定新型电力系统网络安全防护要求和重点保护措施。

（1）分级分区分域。

新型电力系统在源、网、荷、储等环节分别涉及众多主体，各类主体的定位、角色及其发挥的作用不同，相应的安全保护需求、承担的安全责任也不同。需要对各环节涉及机构、人员、环境、网络、系统、数据进行分类分级，对不同类型、安全级别的对象实施分区分域安全管理。机构方面，划分为关键信息基础设施运营机构、重要网络运营机构、一般网络运营机构等；人员方面，划分为核心岗位人员、重要岗位人员、一般岗位人员等；物理环境方面，规划、建设机房和数据中心、场站、办公区域，并进行分区防护；通信网络方面，根据新型电力系统业务应用特点，在生产控制大区和管理信息大区划分基础上，进一步细化安全接入区和互联网大区；系统方面，按照等保要求对系统进行定级，并在安全分区基础上进一步细分系统安全域；数据方面，按照国家和行业、企业数据分类分级管理办法、标准，对数据进行分类和分级，加强对高安全等级数据的安全保护。

（2）安全可信交互。

源网荷储各环节涉及海量分布式电源接入、调控云接入、可调负荷接入、分布式储能接入等典型接入场景，各环节融合互动，各业务主体之间应用交互、数据共享需求极高。保证相关主体安全可信和主体间交互的安全可信是构建新型电力系统安全保护体系的关键。主体安全可信主要采取安全免疫、自主可控、供应链安全管控等措施，确保相关主体的身份可信、操作可信。主体间交互的安全可信主要是对源网荷储各环节主体之间的交互，采用安全接入、安全通信和可信交互三个层面确保其安全可信。

（3）动态智能防护。

新型电力系统涉及分布式电源、新一代电力调度控制系统、新型负荷控制系统、虚拟电厂等众多业务应用场景，各种应用场景安全保护需求既有共同点，也存在较大差异。需要在依据国家、行业网络安全保护相关要求，对源网荷储各环节、各主体相关网络、系统进行综合性安全防护的基础上，针对业务场景差异性，采取针对性防护措施和安全配置策略实现业务差异化防护，提升精准化、智能化安全防护能力。

（4）协同联动响应。

新型电力系统涉及主体众多，源网荷储各环节互联互通、开放共享、融合互动，导致其网络安全风险扩散迅速、波及面广，与传统电力系统相比，更需要加强在国家层面、行业层面、企业层面等各个主体的机构、队伍和技术平台之间的横向沟通和纵向对接，实现对新型电力系统网络安全的协同监测、联动防御和联合应急处置。

为了全面推进新型电力系统建设，目前部分业务系统已开启全面升级，例如新一代调度技术支持系统、源网荷储协同调控支撑系统等，部分业务系统已开展试点工作，或正处于建设方案设计阶段。在设计典型业务系统的安全防护方案时，可参考新型电力系统通用安全防护框架，从业务系统的实际业务数据交互、业务系统部署区域、业务涉控涉敏程度角度出发，结合业务实时性要求，构建典型业务系统的网络安全防护体系，落实重点技术措施和管理措施。

2. 未来防护体系

（1）零信任。

基于云计算、区块链、大数据、物联网和人工智能等现代信息通信技术实现了电力监控网络到人、物、位置等多维度的延伸和信息交互。海量业务终端的接入，碎片化的运营数据被不同的传感装置采集并提供给数据中心管理分析，极大提升了企业内外网数据交互的时效性，实现了发电、输电、变电、配电、用电等各环节的数据融通。急剧增加的网络信任风险严重影响着电力新业态的发展，针对零信任环境的网络安全防护被社会逐步关注。针对"发 - 输 - 变 - 配 - 用"等环节的安全防护需求，电力行业积极开展零信任环境下电力监控系统网络安全防护技术研究。在安全接入方面，传统基于物理位置的安全接入模式逐步转变为以身份为核心的安全验证机制。在传输加密方面，基于数学算法的密钥协商模式正朝着以基于物理特性的密钥安全分发模式转变。在数据防护方面，区块链以去中心化的方式实现了数据的不可篡改和交互共享，并结合密码学形成了高级别的隐私保护。国产密码技术、量子保密通信技术等先进信息通信技术正逐步走向实用，融合新型网络安全技术与电力业务成为当前值得关注的方向。

（2）数据安全。

为适应新型电力系统的安全防护技术要求，传统的工业数据安全防护方式需要进行迭代更新，现在面临的防护形势更加复杂。电力数据体量种类的多样化复杂化，重新对数据传输、储存、分析等环节安全技术有了新的要求。在保护通信网络数据传输安全的过程中，可采用密码技术支持的配置有加解密、身份验证等模块的智能网关，实现数据传输保密性。在加密过程，为防止木马密码字典等攻击，可采用公钥基础设施机制，依托统一管理中心，提高自身密码管控能力。

除聚焦于加强认证能力和加密技术，还可有效使用安全组件，比如防火墙、IPS、抗 DDoS 系统、抗 APT 攻击系统、隔离装置等网络安全组件可以有效进行入侵检测，抵抗外界攻击和内部攻击。有效的入侵检测包括以下方式：① 在广域网边界处安装定制化入侵检测系统，采用协议分析、模式匹配、异常监测等技术，对下级接口上报的数据报文、数据包进行实时监视，及时预警；② 在网络边界处装载安全防护组件进行拒绝服务攻击、端口扫描等终端处安全防护手段；③ 面对更新迭代的攻击技术，安全策略也需动态调整，在网络安全监测装置中，采用机器学习技术等人工智能技术，对正常访问行为和攻击行为进行学习，建立业务通信模型基线，实时优化调整安全策略。

（3）云原生安全。

结合目前调控云等云平台建设现状，云安全体系对比传统调度安全建设有所区别和加强。建设态势感知功能，主要包含两大功能：① 弱点分析，基于无状态扫描技术，与流量安全监控模块联动，结合动态检测和静态匹配两种扫描模式，提供自动化、高性能的精准漏洞扫描能力；② 大数据安全分析平台，通过机器学习和数据建模发现潜在的入侵和攻击威胁，从攻击者的角度有效捕捉高级攻击者使用的 0Day 漏洞攻击、新型病毒攻击事件。增强分布式拒绝服务（distributed denial of service attack，DDoS）流量清洗。

随着物联设备的增加和性能增强，使调度机构也可能面临原来只可能发生在互联网侧的 DDoS 攻击，DDoS 流量清洗模块为云平台用户提供基于云计算架构的海量 DDoS 攻击防御模块。提升嵌入式安全，而不是传统置于网络边界防护的外挂式安全，加强云平台本体的安全。一方面，云平台组件需要有机制保障本身的安全，主要方法是管控和服务分离、虚拟专用网络隔离和分角色授权等；另一方面，云平台上安全组件也与云组件形成深度融合，例如，云主机防护软件预置在云虚拟机的镜像中，使得虚拟机实例后自动得到云主机防护软件保护。

5 负荷管理支撑新型电力系统安全风险防范关键技术

电力负荷管理，是指为保障电网安全稳定运行、维护供用电秩序平稳、促进可再生能源消纳、提升用能效率，综合采用经济、行政、技术等手段，对电力负荷进行调节、控制和运行优化的管理工作，包含需求响应、有序用电等措施。

电网企业、电力用户、电力需求侧管理服务机构是负荷管理的重要实施主体。电网企业在各级电力运行主管部门指导下，负责新型电力负荷管理系统建设、负荷管理装置安装和运行维护、负荷管理措施执行和分析等工作。电力用户、电力需求侧管理服务机构依法依规配合实施负荷管理工作。

5.1 负荷管理现状

市场环境下的负荷管理，包括供电侧的负荷管理（load managements，LM）和需求侧的用电管理（demand side management，DSM）。

5.1.1 供电侧负荷管理

供电侧的负荷管理主要是通过降压减载或对用户可中断负荷进行编组、按批短时轮控，从而不影响生产和基本生活，另外包含紧急状态下的负荷控制。

1. 降压减载

电压和功率之间的平方关系使得电压的变化对功率影响很大。而电网正常运行状态下的不等式约束条件，容许电压额定值在一定范围内变化，这就为实现降压减载提供了可能。经验表明，下降1%电压即可减少1%的负荷。

降压减载不涉及用户负荷的用电问题，但对于供电侧投入成本较大。

2. 用户可中断负荷控制

用户可中断负荷的周期控制是对用户可控负荷（空调、热水器、储热系统、冷藏库等）最灵活而有效的负荷控制方式。由主站和具有双向通信能力、寻址范围高达 200 万点以上的负控终端来实现。

控制是按组进行的，当负荷超过预定的过负荷值时启动。至于主站每隔多久发出一次命令，则由一个称之为执行周期的百分数来决定。如间隔选为 5min，执行周期为 20%，控制周期即为 $(5 \times 100) \div 20 = 25min$，也就是说每隔 25min 发出一次控制命令。终端接到命令后，事先设定好的负荷即行跳闸，减负荷间隔 5min 到了以后自动恢复供电，过 25min 又将收到命令。周而复始，直到系统负荷降到预定的复归值为止。

3. 切断用户可中断负荷

切除用户的可控负荷，既可用简单的"跳闸""合闸"命令来控制，也可采用负荷周期控制的方式来实现。采用负荷周期控制方式时，可把切除负荷看成是用户负荷控制方式的一种极端情况。即：选择最大的减负荷间隔（一般为 60min），并设定执行周期为 100%。此时，每接近 60min 时即发出一次控制命令，保持减负荷状态不变，直到系统负荷降至预定的复归值为止。

5.1.2 需求侧负荷管理

需求侧负荷管理的主要措施包括：削峰、填谷、移峰填谷等方式，削峰指用户在负荷高峰时段削减负荷需求；填谷指用户在负荷低谷时段增加负荷需求；移峰填谷是指用户将负荷高峰时段的负荷需求转移到负荷低谷时段。具体实现手段包括直接负荷控制（direct load control，DLC）、可中断负荷（interruptible load，IL）、增加低谷用电设备、调整作业时间等。

需求响应（demand response，DR）是需求侧管理在电力市场中的发展，是指电力用户根据价格信号或激励机制做出响应，改变自身用电习惯的行为。根据不同的响应方式，需求信息又可分为 2 种类型：基于价格的需求响应（price-based demand response，PBDR）和基于激励的需求响应（incentive-based demand response，IBDR）。

1. 价格型需求响应

在价格型需求响应中，用户响应根据电价变化并调整用电需求，包括分时电价（time-of-use pricing，TOU）、实时电价（real-time pricing，RTP）、尖峰电价（critical peak pricing，CPP）等。用户通过内部的经济决策过程，将用电时段调整到低电价时段并在高电价时段减少用电，来实现减少电费支出的目的。参与此类 DR 项目的用户可以与 DR 实施机构签订相关的定价合同，但用户在进行负荷调整时是完全自愿的。

在基于价格的需求响应项目中，价格对用户电力消费行为的影响作用最大，一般采用需求价格弹性来定量表征电力价格变化对于用户响应行为特性的影响。研究经常采用负荷价格弹性来反映电力消费需求对电价变动的敏感程度，用替代弹性来衡量在电价变化峰时段用电量和谷时段用电量的比例变化，而在工程中数据量较小时可采用弧弹性来描述需求价格弹性，也有研究用多智能体的方法和电力消费者心理学模型来模拟用户对于价格的响应特性。

2. 激励型需求响应

激励型需求响应是指管理机构通过制定政策，激励用户在系统可靠性受到影响或负荷高峰时及时响应并削减负荷，包括直接负荷控制（direct load control，DLC）、可中断负荷（interruptible load，IL）、需求侧竞价（demand side bidding，DSB）、紧急需求响应（emergency demand response，EDR）和容量/辅助服务计划（capacity/ancillary service program，CASP）等。激励价格一般是独立于或者叠加于零售电价之上，且包含电价折扣和切负荷补偿两种方式。参与响应的用户与实施机构签订合同，并在合同中明确用户的基本负荷消费量和削减负荷量、激励价格以及用户未按照合同规定进行响应时的惩罚措施等。

在基于激励的需求响应项目中，一般以响应量、响应速度、响应持续时间、响应频率、响应间隔时间、可响应性和响应通知时间等特性对可中断负荷、直接负荷控制等项目的响应特性建模；也采用回归的思想模拟电力用户在具体需求响应项目下对不同的电价和激励信号的响应效果。在具体分析用户响应特性时，对电力用户按照需求响应特性进行聚类可简化问题分析，分类把握用户的需求响应特性。

5.2　我国需求响应机制

需求侧管理主要目标是通过减少电力供需的不平衡实现资源和能源的节约。仅增加发电侧的装机容量并不能从根本上缓解电力供需的矛盾，根本措施是控制电网最大负荷的增长速度，减少用户在电网峰荷时段的电力需求。传统的需求响应管理机制包括峰谷电价、尖峰电价、季节性电价和实时电价机制等。

5.2.1　峰谷电价机制

峰谷电价机制是实施需求侧管理的重要价格手段，通过价格调节供给和需求，从而实现投资节约和资源节约。

科学划分峰谷时段和规定峰谷电价差的主要依据是当地电力供需状况、系统用电负荷特性、新能源装机占比、碳排放规定以及系统调节能力等因素。一般情况下，当负荷峰谷差率超过 40%时，峰时电价不低于谷时电价的 4 倍，当负荷峰谷差率不到 40%时，峰时电价不低于谷时电价的 3 倍。

峰谷电价机制对负荷曲线削峰填谷有良好效果，目前在我国得到广泛应用，但峰谷电价存在一定滞后性，用户无法对价格及时响应，且峰谷电价设置不合理时，可能出现用户响应过度甚至峰谷倒置的情况。

5.2.2 尖峰电价机制

尖峰负荷是负荷需求极高导致供应极其紧张的一种负荷，可能威胁电网的安全稳定运行。为了抑制尖峰负荷出现，在尖峰负荷出现时段抬高电价，以达到削减尖峰负荷的目的。尖峰电价是一种基于分时电价的动态电价机制，在分时电价的基础上增加了灵活的峰时费用。要基于系统最高负荷及供需、天气等情况合理确定尖峰时段。尖峰电价在峰段电价基础上上浮比例原则上不低于 20%。

尖峰电价政策的设定包括尖峰日触发条件、尖峰时段选择以及尖峰日定价等。尖峰日和尖峰时段根据日前负荷预测得到的负荷数据来确定。定义达到系统装机容量一定比例的负荷为尖峰负荷。根据负荷预测的结果，若下一日的预测负荷中出现尖峰负荷，则该日定义为尖峰日，并且尖峰负荷的出现时段定义为尖峰时段。目前国内分时电价的定价体系比较倾向于选择固定时区分时电价模型，终端用户负荷由高峰日转移到非高峰日的可能性较小。

尖峰日的定价则包括在尖峰日提升尖峰时段电价以及在谷时段降低电价。尖峰日的增收电费用于在尖峰时段购买可中断负荷。可中断负荷响应通过用户与电力公司签订可中断协议的方式执行，其协议内容主要包括可中断的负荷量、中断时间、可中断电价或补偿、提前通知时间、违约惩罚等。

1. 季节性电价机制

丰枯季节电价是一种反映不同季节供电成本差别的电价机制。在水电资源丰富的地区，考虑到季节交替的影响和资源的优化利用，实行季节电价，丰水期增加能源消耗，枯水期减少能源消耗是必要的。可以通过建立丰枯季节电价的电量电价弹性矩阵来反映用户对丰枯季节电价的响应，进而提出丰枯季节用电量差异率、水火互济指数和电网公司实施丰枯季节电价风险度的概念，并从电力市场运行风险的角度利用风险价值法对实施丰枯季节电价的市场效益进行评估。

日内用电负荷或电力供需关系具有明显季节性差异的地方，要进一步健全季节性电价机制；水电等可再生能源比重大的地方，建立健全丰枯电价机制，按季节划分丰、枯时段，合理设置电价浮动比例。鼓励北方地区研究制定季节性电采暖电价政策，进一步降低清洁取暖用电成本。

2. 分时电价机制

分时电价推行有利于削峰填谷，优化资源配置，但部分用户响应分时电价时，用电舒适度可能有所降低，用电费用可能有所增加，因此用户对分时电价褒贬不一。固定的峰谷分时电价并不受用户的欢迎，应提供给用户更多灵活的可供选择的电价表。在我国，部分省份的用户可以选择不同的电价制度，如浙江电网、江苏电网开始推行分时电价时居民用户便有自主选择权，安徽省则在 2004 年开始允许居民自愿选择执行分时电价政策。目前，广东等地区针对不同用户用电特性、不同服务需求，制定可供选择的 4 种零售套餐模式，分别为全电量一口价、固定峰平谷电价、自定义阶梯电价、市场联动电价。

大工业用户与一般工商业用户的用电量比例大，对电价波动较为敏感，而大工业用户数量较少，方便安装分时计量表和调研分析，因此较多地区推行分时电价政策初期执行范围一般为大工业用户，如湖北电网开始仅对 100kVA 及以上的非普工业、商业和大工业用户实施分时电价。21 世纪初，由于经济发展迅速，电源建设无法适应负荷增长速度，供不应求问题严重，居民用电量日益增加，调度潜力大，较多省市大力推广需求侧管理政策，将居民纳入分时电价执行范围。目前，大部分地区在大工业、一般工商业、居民范围内开展分时电价政策。

5.3　面向新型电力系统的需求响应

新型电力系统背景下，传统机组占比下降，新能源成为主要能源，发电侧调节能力将大幅下降；另外，随着新型电力系统中需求侧数字化、智能化水平的大幅提升，需求响应必将得到快速的发展，成为新型电力系统灵活调节能力的主要来源之一。

为适应以新能源为主导的新型电力系统，需求响应机制应当具备"规模化、数字化、常态化"的特征：① 要求聚合大量用户的柔性负荷发挥聚少成多的作用，提高调节负荷的能力，转变用电方式，实现供用电侧的低碳化；② 要求提高需求响应的智能化水平，实现全自动需求响应，提高响应时效性；③ 要求需求响应不仅在紧急时刻能够实施，新能源持续波动时段内也可以不间断完成需求响应。针对三个特征，讨论各个响应机制在新型电力系统下的具体问题。

1. 峰谷电价的价差扩大、季节特性凸显

对于非现货市场环境下的用户而言，以峰谷电价为代表的分时电价仍将起到最广泛的需求调节作用。未来，峰谷电价作为基础调节手段将面临新的发展

趋势。① 峰谷价差随峰谷差的扩大而扩大。随着社会经济的发展及产业结构的调整升级，第三产业和居民用电需求将快速增长。由于第三产业和居民生活用电具备明显的峰谷分时特征，预期电力负荷峰谷差将进一步加大。因此，峰谷价差也应随之加大。② 峰谷电价的季节特性凸显。由于新能源出力具有明显的季节特性，因此不同季节的电力供应成本也将出现明显差异，峰谷电价的季节性特征也将更加明显。

2. 尖峰电价的触发条件和定价基准或将改变

尖峰电价是一种动态电价机制，通过在高峰时段的基础上再划分出一个尖峰时段并设置更高的价格，从而利用经济手段有效引导工商业用户错峰、避峰用电，转移尖峰用电负荷。尖峰电价的发生通常是不确定的。目前，国内实施尖峰电价的省份普遍采取了以气温作为实施尖峰电价的触发条件。由于新能源出力具有不确定性，在新能源（如光伏）占比高的系统中，传统意义下的尖峰时段也可能是新能源大发的时段，此时的削峰需求可能并不迫切。因此，从触发条件看，未来尖峰电价的执行日期、时间点和持续时间都可能难以事先确定，需要进一步考虑供需形势的影响；从价格水平看，当新能源进入现货市场交易后，现货市场的价格波动性将增大，也可以考虑尖峰电价水平与批发市场对应时段的电价挂钩。

3. 实时电价具有广泛应用前景

实时电价主要应用于不参与批发市场交易的中小型用户。随着现货市场运行的不断成熟，为了反映电力批发市场的电价变化，实时电价机制能精确地传达电价信号，在很短的时间段更新供电成本信息，指导用户调整用电行为。在以新能源为主体的电力系统中，系统供应成本变化波动大，实时电价机制将具有广阔的应用前景。由于实时电价需要划分为更细致的时段，对实时通信系统和电能计量终端的要求更高。通常而言，用户往往不会每时每刻关注现货市场电价的变化，因此，为了更好达到需求响应的目的，实时电价机制的实施还需要自动需求响应技术的支撑。

4. 可调节负荷价格机制更加多元

传统的可调节负荷机制主要以削峰为主，即在负荷高峰时期通过实施可中断负荷机制，引导用户减少用电需求，提高系统整体运行效率。由于新能源的出力往往具有反调峰特性，因此，在新型电力系统中填谷的需求将越发凸显。填谷型需求响应的价格可以参考火电机组深度调峰的补偿价格确定也可以采取竞争方式确定。未来，随着新能源的大规模接入以及市场化主体范围的扩大，还可通过双边合约或"双边报价、统一出清"方式确定结算价格。同时，为应对新能源出力的随机性、间歇性，需求响应的频率也将进一步提高，除了日前响应和日内提前数小时的响应以外，分钟级响应甚至秒级响应将越来越频繁。对于响应时间短的紧急型需求响应，通常采用两部制的补偿机制，从而体现容量备用的价值。此外，随着现货市场运行步入正轨，可调节负荷机制的补偿价格也可逐步与现货市场价格联动。

5. 以需求侧竞价方式满足系统高频调节需求

需求侧竞价是指在批发市场环境下需求响应资源作为可削减负荷直接参与电能量市场的竞价。随着新能源渗透率的不断提升，有限次数的邀约型需求响应或将难以满足更高频次平抑可再生能源间歇性和维持系统功率平衡的要求。随着现货市场规则的不断完善，需求响应资源以虚拟机组的身份参与到市场交易中，作为发电申报参与竞价将更能满足系统的高频调节需求。

5.4　电—碳市场耦合的需求响应

为了实现"双碳"目标，解决新能源接入引起的电力系统调节的灵活性降低、源荷供用负荷曲线不匹配导致大量弃风弃光的问题，需要充分调动需求侧资源，设计出符合新型电力系统要求的需求响应机制，将碳交易市场（carbon trading market，CTM）引入到需求响应的研究中，从传统的电力市场研究向电—碳市场耦合问题推进。碳交易机制下，电力流不仅是传统概念上的能量流、信息流和货币流，还将是碳汇流。如果将碳交易与需求响应结合，可以通过控制电能消费的形式一定程度上达到落实碳交易的目的；还可以实现碳汇流通，进一步达到区域碳排放权的优化利用。建立 CTM 及电—碳市场的融合成为完善需求响应机制的主要切入点。

目前碳市场建立尚不完善，国际上还未建立统一标准的碳市场，各国碳市场存在不同交易规则。碳市场建立的一大困难是碳市场经历价格风险后的防控策略：电力行业作为碳市场的主要行业，碳市场的价格波动将对电力减排产生不利影响，碳价过低则减排积极性下降，难以达成减排目标，碳价过高则企业排放成本增加。

目前国内外针对电—碳市场耦合关系的研究集中于碳排放管控对电力系统运营规划的影响上，主要有碳排放约束下电力系统决策优化、计及碳排放成本的决策优化、碳市场与电力市场的机制互动等。

6 新型储能支撑新型电力系统安全风险防范关键技术

新型储能技术是除抽水蓄能以外以输出电力为主要形式的储能技术，具有精准控制、快速响应、灵活配置和四象限灵活调节功率的特点，能够为电力系统提供多时间尺度、全过程的平衡能力、支撑能力和调控能力，是构建以新能源为主体的新型电力系统的重要支撑技术。新型储能技术通过与数字化、智能化技术深度融合，将成为电、热、冷、气、氢等多个能源子系统耦合转换的枢纽，促进能源生产消费开放共享和灵活交易、实现多能协同，支撑能源互联网构建，促进能源新业态发展。

6.1 新型储能技术路线

新型储能技术路线按照功能可详细划分为能量型新型储能技术和功率型新型储能技术。不同技术路径具有不同的特性，包括系统效率、循环寿命、放电时长、响应时间，相应的技术成熟度和应用场景也有所差异。各类新型储能技术的特点和参数如表 6-1 所示。

表 6-1 各类新型储能技术对比分析汇总表

储能类型	响应时长	放电时长	系统效率	寿命	能量密度	应用场景
锂离子电池	毫秒级~分钟级	毫秒级~小时级	80%~90%	5000~10000 次	200~400Wh/L	调峰、调频、能量管理、备用
液流电池	毫秒级~秒级	小时级	70%~80%	10000~16000 次	20~70Wh/L	调峰、调频、能量管理、备用
铅碳电池	毫秒级~分钟级	毫秒级~小时级	80%~85%	2000~5000 次	50~80Wh/L	调峰、调频、备用
钠离子电池	毫秒级	秒级~小时级	80%~90%	1500~4000 次	150~300Wh/L	调峰、调频、能量管理、备用

续表

储能类型	响应时长	放电时长	系统效率	寿命	能量密度	应用场景
压缩空气	分钟级	小时级~数日	40%~75%	>30 年	2~6Wh/L	调峰、备用
飞轮储能	毫秒级	毫秒级~分钟级	90%~95%	约 20 年	20~80Wh/L	调频、平抑波动
超级电容器	毫秒级	毫秒级~分钟级	70%~90%	100000 次	10~20Wh/L	调频、平抑波动
超导储能	毫秒级	毫秒级~秒级	>90%	>30 年	6Wh/L	调频、平抑波动
氢储能（高压气态）	分钟级	数日~数月	30%~50%	约 10000h	600Wh/L	新能源消纳、削峰填谷、备用
融盐储热	小时级	小时级	储热效率>90%	>20 年	70~210Wh/L	热电联产、削峰填谷、光热消纳

6.1.1　能量型/容量型新型储能技术

能量型/容量型新型储能技术是指能够长时间、大规模地存储能量的技术，通常具有较高的能量密度和较长的放电时间。这类技术适用于需要持续稳定供电或削峰填谷等应用场景，满足电力系统的长时间、大规模能量需求。目前，能量型/容量型储能技术的种类繁多。除抽水蓄能等成熟储能技术外，压缩储能技术、熔盐储热技术、氢储能技术以及各类容量型储能电池（如钠硫电池、液流电池、铅炭电池等）均在长时间、大规模储能应用中具有良好的发展前景。

（1）压缩储能技术。压缩储能技术是通过压缩空气、气体或液体来存储能量的技术。多余的电能用于驱动压缩机，将空气、气体或液体压缩到高压状态，并将其存储在密封的容器中。在需要能量时，被压缩的介质会被释放并通过膨胀机或涡轮机转化为机械能或电能。目前，压缩储能技术通常采用大型的储气室或地下洞穴来存储大量的压缩介质，在能量释放过程中能够提供稳定的能量输出，从而实现其容量型储能的特性。

（2）熔盐储热技术。熔盐储热技术是一种利用熔盐作为储热介质，通过熔盐在高温下的吸热和放热过程来实现大规模能量存储的技术。多余的能量用于加热熔盐使熔盐温度上升，从而将热能以显热的形式存储在熔盐中。由于熔盐具有较高的热容和高温稳定性，可以在较高的温度下存储大量的热能。当需要释放存储的能量时，高温的熔盐通过热交换器进行能量交换，具有较高的能量转换效率和较长的储能周期，可以满足不同应用场景的需求。此外，熔盐储热技术还可以与太阳能光热发电、工业余热回收等系统相结合，提高能源利用效率和降低能源成本。

（3）氢储能技术。氢储能技术是一种利用氢气作为能量载体，实现能量的存储和释放的技术。氢气是一种清洁、高效的能量载体，其燃烧产物仅为水，对环境无污染。同时，氢储能技术可以实现长时间、大规模的能量存储，适用于平衡电网峰谷负荷、提高可再生能源利用率等场景。其储能原理主要基于以下 3 个步骤：

1）制氢。通过电解水或其他方式（如天然气重整）将多余的电能或其他能量转化为氢气。在这个过程中，电能被转化为化学能，并存储在氢气中。

2）储氢。常见的储氢方式包括高压气态储氢、液态储氢和固态储氢等。高压气态储氢是将氢气压缩后存储在高压容器中；液态储氢是将氢气冷却至极低温度后变为液态进行存储；固态储氢则是利用某些金属或合金与氢气发生化学反应，将氢原子存储在金属晶格中。

3）释能。当需要释放存储的能量时，氢气可以通过燃料电池或其他方式转化为电能或热能。该过程是将以氢分子形式存储的化学能转化为电能或热能的过程。

（4）各类容量型储能技术。容量型储能技术包括钠硫电池、液流电池、铅炭电池等。

1）钠硫电池是一种由液体钠（Na）和硫（S）组成的熔盐电池。这类电池拥有高能量密度、高充/放电效率（89%～92%）和长循环寿命，亦由廉价的材料制造。由于工作温度高达 300～350℃，而且钠多硫化物具有高度腐蚀性，它们主要用于定点能量储存。电池愈大，效益愈高。钠硫电池是目前唯一同时具备大容量和高能量密度的储能电池，主要应用于削峰填谷、可再生能源、辅助电源和微电网等领域。

2）液流电池是通过电池内部正、负极电解质溶液活性物质发生可逆氧化还原反应（即价态的可逆变化）实现电能和化学能的相互转化。液流电池储能技术具备能量转换效率高、蓄电容量大、选址自由、可深度放电、安全环保等优势，是大规模高效储能技术的首选之一。在众多液流电池中，全钒液流电池技术是目前研究最多、最接近于产业化的规模储能技术。但其能量密度较低，只适用于对体积、重量要求不高的固定大规模储能电站，而不适合用于移动电源和动力电池。

3）铅炭电池是一种结合铅酸电池与超级电容器技术的新型储能装置，通过在铅负极中添加活性炭材料形成电容—电池双功能电极，有效抑制硫酸盐化并提升充放电性能。其应用场景包括风光储能、微电网、电动汽车启停系统等需要高功率、频繁充放电的领域，优势在于兼具高功率输出、长循环寿命（1500 次以上）、低温性能优异及低成本，同时保持铅酸电池的回收体系优势，是经济环保的规模储能解决方案。

6.1.2　功率型新型储能技术

功率型新型储能技术指能够快速响应并提供高功率输出的新型储能技术。这类技术通常具有充放电速度快、功率密度高等特点，适用于短时周期内大量能量输入或输出的场景。其能够快速响应电网的调频、调峰等需求，对于维护电网的稳定性和提高电力系统的运行效率具有重要意义。目前，具有发展竞争力的功率型新型储能技术以飞轮储能技术、超导储能技术、超级电容器技术、功率型电池储能技术（如锂离子电池、钠离子电池）等为代表。

（1）飞轮储能技术。飞轮储能技术是利用高速旋转的飞轮来存储能量的物理储能方式。在这种技术中，能量以动能的形式存储在旋转的飞轮中。飞轮储能技术具有秒级功率响应速度，主要得益于其快速的动态响应特性，当外部负载发生变化时，飞轮可以迅速调整其旋转速度，以匹配负载的功率需求。

（2）超导储能技术。超导储能技术是一种利用超导体的特殊性质来存储电能的物理储能方式。超导体在低温下电阻为零，电流可以在其内部无损耗地流动，因此可以将电能以电磁能的形式高效地存储在超导线圈中。超导储能技术具有毫秒级功率响应能力，原理在于超导体的快速电流变化能力和电力电子控制技术的精确控制。当外部负载需要高功率输出时，控制系统可以迅速检测到负载变化，并通过精确的电力电子控制技术调节超导线圈中的电流。由于超导体具有零电阻的特性，电流变化可以在毫秒级的时间内完成，从而实现快速的能量释放和功率响应。

（3）超级电容器技术。超级电容器是一种能够快速储存和释放大量电荷的电子器件。其毫秒级功率响应主要得益于其特殊的电极结构和电解质。超级电容器使用具有高比表面积的活性炭或多孔材料作为电极，这些材料能够吸附大量的电荷。同时，超级电容器使用具有高离子导电性的电解质，使得离子在电极之间能够快速传输。当需要快速放电时，这些被吸附的电荷可以迅速从电极上释放，在短时间内提供高功率输出。

（4）功率型电池储能技术。电池储能技术的工作原理是通过电化学反应将电能转化为化学能进行存储。在需要释放能量时，通过逆反应将化学能转化为电能。这种转换过程使得功率型电池储能技术能够快速充放电，并且在短时间内提供高功率输出，实现毫秒级的功率响应。以锂离子电池为例，其毫秒级高功率响应主要依赖于其快速的离子和电子传输过程。在锂离子电池中，锂离子在正极和负极之间通过电解质进行迁移。当电池需要快速放电时，锂离子可以迅速从负极材料中脱出，并通过电解质迁移到正极材料上。同时，电子通过外部电路从负极流向正极，产生电流。该过程可以在毫秒级的时间内完成，从而实现高功率输出。

需要注意的是，在现今诸多储能技术中，电池储能技术相对于其他储能形式在规模和场地上拥有较好的灵活性和适应性，同时在调度响应速度、控制精度、电力系统调频以及建设周期等多方面具有比较优势，有着不可替代的重要作用，具有更广阔的应用前景。

6.2 新型储能系统监控与管理关键技术

从新型储能技术自身出发，未来新型储能系统将向高安全、低成本、高可靠、长寿命发展。在这种趋势下，新型储能系统监控与管理技术对于保障新型储能系统的安全稳定运行、优化系统性能、降低运维成本以及提升能源系统的整体效益都具有不可替代的作用。

新型储能系统监控与管理技术能够实时跟踪储能设备的充放电状态、能量转换效率等关键指标，并通过优化控制策略，减少能量损耗，提升能源利用效率。其结合了物联网、大数据、人工智能等先进技术，可以实现对储能设备的远程监控、故障诊断、预测维护等智能化管理，有助于提升能源系统的智能化水平，提高运行效率和服务质量。

截至 2023 年底，我国锂离子电池储能投运装机规模累计 12.3GW，在新型储能中占绝对主体地位，比重高达 94%。因此，下文以新型电池储能技术为代表介绍新型储能系统监控与管理关键技术。

6.2.1 状态监测技术

新型储能系统的状态监测技术指利用高精度传感器对储能单元（如电池、超级电容等）的电压、电流、温度、内阻等关键参数进行实时监测。对储能系统的充放电状态、功率输出、能量转换效率等进行连续跟踪。基于实时数据和历史数据，运用先进的数据分析算法（如机器学习、深度学习等）对储能系统的健康状态进行评估。

以电池储能为例，状态监测技术的核心是对荷电状态进行估计监测。电池荷电状态（state of charge，SOC）的定义为，在一定的放电工况下，电池实时的剩余电量与相同工况下电池额定容量的比值：

$$\text{SOC}(t) = \frac{Q_r(t)}{Q_m} \tag{6-1}$$

式中：额定容量 Q_m 定义为在室温下，以 $C/30$ 倍率充电，直至满充状态时的最大安时数；剩余容量 $Q_r(t)$ 定义为在室温下，以 $C/30$ 倍率充电到当前时刻 t 的安时数。从 SOC 的定义可知，SOC 是用以表示可充电电池目前内部最大可能充电电量的百分比的一个状态量。

对电池 SOC 估计技术的研究有着十分重大的意义。一方面，电池的 SOC 表示电池电量的使用程度，准确的 SOC 可以预测电池的使用时长，为合理的能量分配提供依据，可以更有效地利用有限的能量。另一方面，在电池的充放电过程中，可作为判断电池过充或过放电的指标，保持电池组充放电均衡，降低因不均衡形成的电池损伤，最大限度地增加单体电池的使用次数。

电池 SOC 众多影响因素且影响作用复杂，国内外研究人员针对电池 SOC 估计问题提出了一系列方法，各种电池 SOC 估计方法归纳分类如图 6-1 所示。

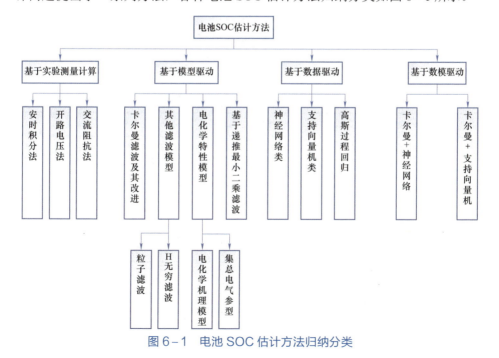

图 6-1 电池 SOC 估计方法归纳分类

1. 基于实验测量技术的荷电状态估计方法

基于实验测量技术的 SOC 估计方法主要包括安时积分法与开路电压法。

安时积分法直接利用了 SOC 的定义。在 SOC 的定义式中，剩余容量 $Q_r(t)$ 可以由充放电电流 I_n 随充放电时间积分得到，即：

$$\text{SOC}(t) = \text{SOC}(t_0) - \frac{\Delta Q(t)}{Q_m} = \text{SOC}(t_0) - \frac{\int_{t_0}^{t} I_n(t)\mathrm{d}t}{Q_m} \quad (6-2)$$

式中：$\text{SOC}(t_0)$ 代表初始时刻的 SOC 值，$\Delta Q(t) = \int_{t_0}^{t} I_n(t)\mathrm{d}t$ 代表 $t_0 \sim t$ 时间段内放出的电量。

安时积分法作为一种最基础的 SOC 估计方法，具有可以避免对电池内复杂变化进行建模的优点。然而，该方法也同时存在初始 SOC 难以确定，存在纯积分环节，且不具备矫正误差的能力，对测量精度要求高等缺点。

电池的 SOC 与其开路电压（open circuit voltage，OCV）之间一一对应，开路电压法正是利用了这一特性。即通过电池端电压的样本采集，再利用蓄电池的剩余能量和端电压和的对照曲线，获取电池的 SOC。开路电压法有着原理简单、测量精度较高的优点，但同时也存在测量开路电压需要静止，实时性差，不能在线测量，OCV-SOC 曲线受温度影响大的缺点。

2. 基于模型驱动的荷电状态估计方法

已有的电池电化学特征模型可大致分为电化学机理模型与集总电气参数模型两类，其基本原理、经典模型与优缺点汇总如表 6-2 所示。

表 6-2　　　　　基于模型驱动的 SOC 估计方法分类汇总表

建模方法	基本原理	经典模型	优势	缺点
电化学机理模型	根据电化学反应过程描述电池电压、SOC和交流阻抗变化	（1）单粒子模型；（2）准二维数学模型；（3）简化准二维数学模型	（1）物理意义明确；（2）模型精度较高；（3）适用于理论分析	（1）模型过于复杂；（2）参数整定困难；（3）计算量巨大
集总电气参数模型	将电池等效为二端口网络，以电源、电阻、电容等电气元件模拟电池特性	（1）Rint 模型；（2）Thevenin 模型；（3）PNGV 模型；（4）GNL 模型	（1）模型简单；（2）可部分反映电化学过程；（3）计算量小；（4）参数易于整定	（1）模型精度与复杂度难以兼顾；（2）无法反映电化学微观过程

3. 基于数据驱动的荷电状态估计方法

数据驱动模型常常依靠大量的电池测试数据建立输入和输出之间的关系。该类模型无需考虑电池内部复杂的电化学反应过程，避免了电化学模型表达式中的大量偏微分方程组导致的求解复杂性。数据驱动模型大致主要包括支持向量机、神经网络等。

支持向量机通过映射低维特征空间至高维空间，实现将非线性回归问题转化为线性回归问题，通过有限数据计算出最佳模型参数，完成回归模型设计；神经网络将 SOC 影响因素（电压、电流、温度等）或其二次加工的特征变量作为输入变量，SOC 值作为输出变量，通过大量实际历史数据、链式导数法则以及梯度优化算法整定神经网络参数，完成由可测变量至电池 SOC 值的映射。

4. 基于数模混合驱动的荷电状态估计方法

基于电池模型的 SOC 估计方法依赖于电池模型，且难以反映出电池演变过程的参数变化；而基于电池数据驱动的 SOC 方法中数据数量和质量对电池 SOC 估计精度的影响巨大，且优质的电池数据难以保障。为了克服两种方式的不足，并充分发挥各自的估计优势，诞生了基于数模混合驱动的 SOC 估计方法。常见的基于数模混合驱动的 SOC 估计方法有：

（1）扩展卡尔曼滤波 + 神经网络。扩展卡尔曼滤波（extended kalman filter，EKF）估计电池 SOC，BP 神经网络计算 EKF 误差并进行修正；BP 神经网络具有非线性建模能力，能够建立温度变量与 SOC 差值，形成误差修正。

（2）扩展卡尔曼滤波 + 支持向量机。扩展卡尔曼滤波估计电池 SOC，SVM 模型根据电池状态补偿电池参数误差；使用 SVM 保证电池等效模型参数更为准确。

5. 各类荷电状态估计方法对比

各类电池储能系统荷电状态监测估计方法对比如表 6 - 3 所示。

表 6 - 3　　　　各类荷电状态监测估计方法对比总结表

方法类型	估计方法	精度	复杂度	数据量	计算量	实时性
基于实验测量计算	安时积分法	***	***	*	**	***
	开路电压法	**	*	*	*	*
	交流阻抗法	****	****	***	**	*
基于模型驱动	卡尔曼滤波	***	***	***	***	****
	粒子滤波	****	***	***	***	****
	H∞ 滤波	***	****	***	***	****
基于数据驱动	神经网络类	****	****	*****	****	****
	支持向量机类	***	***	****	***	****
	高斯过程回归	***	**	****	***	****

续表

方法类型	估计方法	精度	复杂度	数据量	计算量	实时性
基于数模混合驱动	卡尔曼+神经网络	*****	*****	*****	*****	****
	卡尔曼+支持向量机	*****	****	****	****	****

6.2.2 能量管理技术

能量管理技术是确保新型储能系统高效、稳定运行，并最大化其经济效益的关键。以电池储能技术为例，电池储能系统的能量优化管理的关键在于电池能量均衡。即利用电力电子技术，平衡电池组内各单体电池的电压或 SOC，从而保证每个单体电池在正常使用时保持相同的能量状态。

能量均衡技术可以防止单体电池过充或过放，保证电池组安全运行。同时，均衡技术可以降低电池容量的"木桶效应"，提高电池组可用容量和循环寿命。电池能量均衡技术包括能量均衡策略与均衡拓扑两方面的内容。

1. 能量均衡策略

在均衡策略算法方面，目前较为常见的均衡算法包括差值控制法、变步长控制法等。

差值控制算法首先获取各单体电池的外电压，计算电池组的平均电压 V_{avg}，并将电池组平均电压作为均衡目标。然后计算每个单体电池外电压与平均电压之差 dV，将事先设定好均衡开启电压差 dV_i 作为均衡开启条件。差值控制法的动作策略如表 6-4 所示。

表 6-4   差值控制法均衡动作策略

电压差值	电池状态	设定动作
大于 dV_{max}	SOC 偏高	放电均衡
小于 dV_{max}，大于 $-dV_{min}$	SOC 良好	不动作
小于 $-dV_{min}$	SOC 偏低	充电均衡

差值控制法设定均衡开启阈值，能够避免对某一单体电池来回反复开启放电均衡和充电均衡产生波动，减少不必要的能量损耗。然而，该方法对阈值设置的要求较高，阈值过大，将导致均衡效果较差；阈值过小，将对 SOC 估计精度要求更高，或产生误动作。

变步长控制法在差值控制法的基础上，增设一系列极差阈值，不同阈值对应不同的均衡动作，其具体动作策略如表 6-5 所示。

表 6-5　　　　　　　　　　变步长法均衡动作策略

电压差值	电池状态	设定动作
小于 dV_1	一致性良好	不动作
大于 dV_1，小于 dV_2	一致性较差	小步均衡
大于 dV_2，小于 dV_3	一致性很差	常规均衡
大于 dV_3	一致性非常差	大步均衡

相较于差值控制算法，变步长控制算法的均衡电流更灵活，且可以根据需要增设阈值；此外，当电池之间的差异较大时能够更快更高效地进行均衡，当电池之间的差异较小时能减少均衡电流带来的能量损耗，因此该方法有一定的自适应性。然而，该均衡算法要求均衡拓扑可以提供多种不同等级的均衡电流，往往和主动均衡拓扑配合使用。

2. 均衡拓扑

均衡拓扑结构为电池单体间的能量转移提供了路径，其包含的电路元件和电路连接方式对均衡拓扑的性能有着深刻的影响。根据均衡过程的不同，可以分为被动均衡与主动均衡，被动均衡与主动均衡则可以继续细分。均衡拓扑的分类如图 6-2 所示。

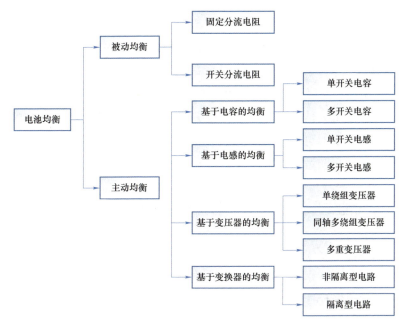

图 6-2　常见均衡拓扑分类

被动均衡技术通过消耗多余能量的方式实现均衡。在每个储能单元两端并联一个电阻，消耗该储能单元的多余能量，从而降低其电压。这种方法的优点是结构简单、成本低，但均衡速度较慢，且会产生一定的热量。

主动均衡技术通过能量转移的方式实现储能单元之间的均衡。具体来说，当检测到某个储能单元的电压或电量高于其他单元时，主动均衡电路启动并将该储能单元的多余能量转移到其他储能单元中，直到所有储能单元的能量达到一致。该方法的优点是均衡速度快、效率高，但需要复杂的电路和控制策略。

6.2.3　辅助技术

为了推动新型储能系统向智能化的发展和完善，除状态监测技术和能量管理技术外，仍需要发展其他辅助技术。例如故障诊断与预警技术、数据智能管理技术等。

1. 故障诊断与预警技术

在新型储能系统故障诊断阶段，利用先进的信号处理技术，如小波变换、傅里叶变换等，对采集到的数据进行处理，提取出故障特征。这些特征可能包括异常的电压波动、电流突变、温度升高等。基于提取的故障特征，利用模式识别算法，对故障进行识别和定位。该算法可以根据历史故障数据和实时数据，训练出故障识别模型，从而实现对新故障的准确识别和定位。在预警阶段，系统自动生成预警信息，包括预警类型、预警级别、可能的影响等。通过短信、邮件等方式，及时发送给运维人员和相关管理人员。

2. 数据智能管理技术

针对新型储能系统建立完善的数据管理系统，对收集的大量数据进行存储、处理和分析。利用大数据技术和数据挖掘算法，提取有价值的信息，为决策提供支持。通过直观的可视化界面展示储能系统的运行状态、性能指标、故障信息等关键数据，帮助运维人员快速了解系统情况并做出决策。

6.3　新型储能支撑高弹性新型电力系统关键技术

未来新型电力系统呈现新能源占比高、电力电子化程度高、供能用能自由度高的"三高"内在形态特征，伴随"三高"程度加深，其外在表现为系统功率-能量时空均衡性逐渐由匹配-波动向失衡恶化，新型电力系统弹性提升面临诸多挑战。为迎合系统弹性提升诉求以及不同功率-能量需求，新型储能技术朝着快速响应、高功率及大容量方向发展，以不同时间尺度持续放电能力应对新型电力系统弹性提升的多重挑战。面对高弹性新型电力系统的构建需求，须从并网运行和优化调度两个关键技术领域对新型储能技术开展深入研究。

6.3.1　新型储能并网运行技术

电力电子装备成为电力系统的重要组成部分，以同步发电机为主导的传统电网形态正在发生转变。而新型储能技术作为支撑高弹性新型电力系统构建的关键技术，在电网中充分发挥如下作用：为系统提供有功或无功支撑、提高新能源并网能力、参与调峰调频、故障期间短时供电等。因此，新型储能并网技术对于促进可再生能源的开发与利用、提高新型电力系统的稳定性与可靠性、降低能源成本与环境影响具有重要的意义。

储能并网运行技术的核心是储能变流器技术。目前，电力电子变流器多采用原动机输入功率与网侧电磁功率解耦的控制模式，普遍缺乏旋转备用容量和转动惯量，不能提供与传统同步发电机类似的惯性响应。这使得电力系统存在惯性减小、系统强度变弱的趋势，稳定性问题愈发严重，无法满足新型储能系统对高弹性新型电力系统的支撑要求。因此，对储能变流器的研究十分重要。

储能变流器控制模式可分为跟网型（grid-following，GFL）和构网型（grid-forming，GFM）。

1. 跟网型储能并网技术

跟网型储能并网技术主要采用跟网型储能变流器，即电流源型变流器，其主要工作原理是控制并网点的电流，使其与电网电压保持同步。这种变流器通过测量并网点的电压，并利用锁相环（phase-locked loop，PLL）技术计算出并网点的电压相位信息，然后通过改变终端电压获取期望的电流分量。

跟网型储能变流器对电网的电压和频率具有依赖性，必须接入到有源交流电网中才能正常工作。其控制策略最常用的是直接电流控制，通过控制换流器注入电网电流的幅值和相角来实现对电流的精确控制。由于跟网型变流器对电网的同步机制要求较高，因此在大规模接入电力系统时，可能会降低系统的惯量，影响电力系统的稳定性。

2. 构网型储能并网技术

构网型储能并网技术主要采用构网型储能变流器，即电压源型变流器，其工作原理是控制输出电压的幅值和频率，以维持电力系统的稳定，并且为系统提供虚拟惯性和阻尼。该变流器可以看作是一个与小电阻串联的电压源，在一定范围内提供恒定的电压。

构网型储能变流器不仅可以接入到有源交流电网中，还可以在离网模式下运行，为负载提供稳定的电力供应。目前，发展应用了多种构网控制策略。列举三种常见的构网运行控制策略如下：

（1）下垂控制。

下垂控制是一种基于电压－频率（V－F）下垂特性的控制方式。当系统负载发生变化时，储能变流器会根据下垂特性调整输出电压的频率和幅值，使系统达到一个新的稳态平衡点。其具有简单可靠、适应性强和易于扩展等优点，在孤岛模式和微电网场景下的电压和频率稳定控制中发挥着重要作用，有助于提高电力系统的稳定性和可靠性。

（2）虚拟同步发电机控制。

虚拟同步发电机（virtual synchronous generator，VSG）控制是一种模拟传统同步发电机运行特性的控制策略，其运行控制原理主要包括电压控制和频率控制两个方面。在电压控制中，通常通过引入电压下垂特性，调整储能变流器的输出电压，使其与电网电压保持匹配。在频率控制中，通过模拟同步发电机的转子运动方程，控制储能系统吸收或释放能量，以模拟同步发电机转子中的机械能。当电力系统发生负荷突变或发电机跳闸时，虚拟同步发电机会通过调整输出频率来抑制频率的快速变化，从而维持电网的安全稳定运行。

（3）匹配控制。

匹配控制的运行控制原理是利用变流器直流母线电容能量来模拟同步机转子能量。变流器与同步发电机在结构上存在一定的对偶性，即变流器直流母线电压与同步机转子角频率、变流器直流电流与同步机机械转矩之间具有匹配关系。与下垂控制和VSG控制不同，匹配控制只需要测量直流母线电压，这使得匹配控制具有低时延的优势。另外，下垂控制和VSG控制都要求交流量和直流量的控制在时间尺度上相互独立，而匹配控制规避了交流端和直流端之间的交互作用，不存在此要求。

总体而言，构网型储能并网运行技术在未来电力系统中的作用主要包括：① 提升系统短路电流水平，提高系统强度；② 为系统提供阻尼和惯性，改善系统频率稳定性；当系统失步解列时快速响应，提升系统的第一摇摆周期稳定性，主动支撑系统恢复；③ 削弱电力系统间谐波和不平衡电压带来的影响。与跟网型变流器相比，构网型变流器具有更强的电网支撑能力，可以在电网故障或异常情况下提供必要的电压和频率支持。

6.3.2　新型储能优化调度技术

结合新型电力系统弹性提升需求，新型储能优化调度技术重点关注：储能双向传输设备的输入/输出功率、储能作为存储装备的额定容量、储能作为短时间尺度下紧急响应主体的响应时间、储能作为长时间尺度下的能量支撑主体的全容量持续放电时间、考虑储能能量转化效率的能量循环效率这五种储能的外特性参数以及技术特点。其中特性 1 和 2 关联新型储能配置规模，特性 3 和 4 决定新型储能场景应用，特性 5 反映新型储能投资经济性。

常规场景下，新型储能技术可为电网提供多种不同类型的辅助服务，满足调峰、调频、旋转和备用等电网多元需求，保证电网经济稳定运行；在极端场景下，新型储能技术可作为重要的能量储备单元，根据不同类型储能的功能和特点，进行跨时空的功率支撑以及快速主动响应面向重要用户的保供操作等，主动参与事前关键环节加固与事故备用、事中延缓性能跌落、事后系统功率调度等弹性提升的重要任务，为电网提供全时段、多层次弹性提升方案。以下列举 3 种支撑高弹性新型电力系统的新型储能优化调度应用场景。

1. 新型储能调控支撑新能源机组黑启动

新能源机组因极端事件冲击出现切机、脱网，在灾后恢复过程中，储能能够为新能源机组黑启动就地提供必要的功率支撑，降低新能源机组等待外来电力支援的时间，提升机组恢复效率。

通过根据新能源机组的启动需求和电力系统的恢复目标，对电力系统状态、负荷需求、储能设备状态等信息的全面分析，利用先进的数学模型和算法，确定储能设备的最佳充放电策略，实现储能设备的最优调度，可以最大限度地提高系统的恢复速度和稳定性。更进一步，在含新能源的风光储联合系统恢复过程中，通过对线路开合操作、负荷恢复序列、机组出力调控、储能充放电等综合恢复策略的研究，储能系统可联合风光系统保障大电网快速恢复。

但是，现有研究较少考虑储能中电力电子设备外特性对电网黑启动的影响，黑启动过程中储能设备动态特性难以刻画，新型储能参与调节主网频率和电压的能力有待进一步考量。

2. 移动储能时空调度提升系统恢复效率

移动储能赋予储能时间灵活性以及空间转移能力，从时空维度降低储能时间尺度以及区域空间的失负荷量，协调机组、线路、负荷的恢复过程，改善系统恢复性能，提升恢复效率。

根据系统恢复的目标和约束，通过综合考虑电网状态、移动储能系统的位置和能量状态等信息，利用先进的数学模型和算法，确定移动储能系统的最佳移动路径、充放电策略以及与其他资源的协调配合方式等，以实现移动储能系统的最优调度，最大限度地提高系统的恢复效率。伴随交通网与电力网深度耦合，燃油发电机、电动汽车、维修人员等移动资源将纳入新型储能时空调度的研究中，共同形成多种移动资源协同的系统恢复策略。

在实际应用中，移动储能时空优化调度技术仍需考虑多种因素。首先，需要准确评估移动储能系统的性能和寿命，以确保其在关键时刻能够可靠地提供电力支持。其次，需要考虑移动储能系统与电网的接口和通信问题，以实现实时的信息交互和调度控制。针对这些挑战，通过改进算法、提升设备性能、加强系统协调控制等方式，可以形成坚强弹性电网支撑体系，提高整个电力系统的恢复能力和稳定性。

3. 以新型储能为核心的多能协同互补保障系统持续供电

多能协同策略通过整合各种能源资源（包括可再生能源、传统能源和储能设备等），实现能源之间的互补和优化利用。这种策略可以根据电力系统的实时需求和能源设备的状态，智能地调度和控制各种能源设备的运行，以达到最佳的供电效果。充分挖掘新型电力系统中不同形式的储能资源，采用多能协同协调系统恢复过程中不同类型能量需求，可以大幅度提升系统恢复速率。

研究考虑不同类型储能协同、多源互补协调策略，通过多能流系统深度互动提升不同能源利用效率以及系统弹性水平。制定新型储能、热电联产机组、燃气锅炉以及光伏发电机等多种能源设备配置与调度策略，通过综合能源管理系统优化调度极端情况下的能量供应，在确保经济性的同时，提高极端事件造成长期停电期间的系统弹性。

7 源网荷储平衡问题分析与控制技术

风电和光伏等新型可再生能源具有发电过程中零碳排放和零边际成本等优点，是能源转型中清洁替代的主体，但随着新型可再生能源接入比例越来越高，其季节特性、随机性、波动性以及伴随而来的新型发电和储能设备大规模接入，对电力电量平衡在多场景构建、跨时间尺度调节、调节资源特性建模等方面提出了更高的要求，如何在电力电量平衡中准确构建源、网、荷、储各类资源模型，构建兼顾效率和准确度的平衡分析框架和实用化工具，提出能够反映系统供需平衡和消纳情况的评价指标体系，提升电力电量平衡管理水平，是新型电力系统源网荷储平衡问题的关键研究方向。

7.1 源网荷储平衡问题特征

随着系统中新能源渗透率的不断增加，电力系统的电力电量平衡特性发生重大变化。新能源占比较低的场景中，电力电量平衡分析通常可简化为对月、周或日典型和极端场景的分析。随着新能源占比的提升，典型场景的数量急剧增加，传统的典型场景法不再适用。风能与光能受限于其自然属性，出力难以有效预测和控制，受新能源的随机波动性影响，系统日净负荷曲线的两峰一谷特性发生显著变化，峰谷特性不明显，不同风能和光能占比的系统具有不同的曲线形状。新能源高占比的系统中，由于常规发电机组的开机减少，发电侧的控制能力下降，系统追踪负荷波动、新能源波动更加困难，面临着电力供应和清洁能源消纳的双重问题。在负荷低谷期间，新能源出力较大，导致电力系统调峰困难；在负荷高峰时段，新能源出力水平较低，导致电网必须采取有序用电措施。有效应对新能源出力的不确定性，保证电力可靠供应和清洁能源最大限度消纳的难度显著增加。

新型电力系统对于电力电量平衡带来了新的要求。随着时间尺度的增加，新能源功率预测的准确率显著下降，系统新能源的日不确定性与季不平衡性凸显，源网储多类异质可调节资源在不同时间尺度的响应特性差异显著，系统的不确定性和可调节能力之间的多时间尺度匹配困难，跨日长时间调节的生产模拟数学模型难以求解。随着新能源占比的持续提高，供需双侧与系统调节资源均呈现高度不确定性，系统平衡机制由"确定性发电跟踪不确定负荷"转变为"不确定发电与不确定负荷双向匹配"，针对传统电力系统的电力平衡方法亟需发展完善。传统方式中，电源侧有足够的调节能力，由其承担负荷侧的随机波动维持系统供需平衡。新型电力系统中，电源侧自身也存在很大的不确定性和波动性，电力电量平衡业务内涵将发生很大改变，需要构建国—分—省—地—县五级调度机构纵向协同联动，源—网—荷—储横向协同互动的电力电量平衡新模式。地县调将从无到有，建立涵盖分布式光伏、负荷侧储能、大用户、微电网、负荷聚合商管理的电力电量平衡业务架构。五级调度纵向协同联动，电力电量平衡业务联系更为紧密频繁，跨区域跨省统一平衡，新能源大范围消纳将成为常态，电网旋转、事故备用预留，省间电能交易、省间辅助服务交易、跨省区应急互济、负荷侧调节等方面将以五级调度统筹协同方式开展。整体而言，传统电力系统由于备用充足，电网的平衡困难是季节性、时段性的，新型电力系统中，平衡困难将成为电网全时段运行必须面临的问题，保平衡和保消纳之间的统筹难度将明显提升。

此外，源网荷储平衡模式下的多元主体互动也对市场机制产生了新需求，传统的电能量交易品种限制了多元主体互动的发挥空间，在交易品种选择的灵活性和满足主体需求的能力上略显单薄，无法让多元主体有效地选择最优运营策略，难以充分发挥不同主体的市场定位优势。具体而言，在能源转型过程中，新能源的大规模发展投运需要常规能源为电网提供转动惯量和调节能力。目前已大范围铺开建设的电能量现货市场可通过形成反映供需的分时价格信号激励常规机组参与削峰填谷，但随着常规电源发电量占比逐步受到新能源发电的挤占，仅依靠电能量交易收入难以维持企业正常运转，单一的电能量市场将难以适应高比例新能源电力系统的保供应、保消纳要求，亟需构建统一开放、高效运转、有效竞争的电力市场体系，加快完善辅助服务市场机制，有序开展容量机制和输电权市场建设，采用"电能量市场＋辅助服务市场＋容量成本机制"的市场架构，充分挖掘能源转型下各方市场主体的电能价值、调节价值、容量价值及低碳价值，促进资源优化配置、提高效率效益。

7.2 源网荷储平衡模式

源网荷储平衡模式下，随着电力系统中新能源渗透率的不断提升，传统的火电机、水电机组将与分布式电源、光伏、风电、储能等资源共同满足电力供应需求，同时可调节负荷也将响应电力电量平衡需要进行灵活调节。源网荷储平衡模式的主要特点包括：

源侧多元化，不仅包括传统的火电、水电、核电等，还有风电、光伏、生物质等新能源。这些新能源具有清洁、低碳、可再生等优点，但也存在间歇性、不确定性、波动性等问题，需要与其他能源协调配合，保证电力系统的安全性和经济性。

网侧智能化，通过建立高效的信息通信系统，实现对电力系统的实时监控和优化控制。智能电网技术可以提高电力系统的自愈性、互动性、可靠性和适应性，使电力系统能够应对复杂的运行环境和多样的用户需求。

荷侧灵活化，通过需求响应、分布式发电、微电网等方式，提高用户的参与度和自主性。用户可以根据电价信号和自身需求，调整用电量和用电时间，从而降低用电成本并缓解电网供需紧张。用户还可以利用分布式发电和微电网技术，实现自给自足或向电网出售多余的电力，从而提高用电效率和收益。

储侧多样化，通过不同类型的储能设备，如蓄电池、超级电容器、飞轮等，提供调峰、备用、频率调节等服务。储能设备可以缓解可再生能源的波动性和不确定性，提高其并网容量和利用率。储能设备还可以提高电力系统的灵活性和响应速度，增强其对突发事件的抵御能力。

当前阶段，源、网、荷、储各类电力资源所反映出的经济特性与物理特性对比如表 7-1 所示。

表 7-1　　　　　　　　　　　　源网荷储资源特性对比

资源类型		特性	优势	劣势
电源侧	煤电	出力可控稳定、可提供调频、惯量等调节能力	装机容量大，存量调节潜力大	环保排放问题
	气电		调节性能出色	燃料成本高
	水电	出力季节性	调节性能出色，变动成本低	来水影响大
电网侧	新能源	出力不可控	绿色、清洁	依赖调节资源
	跨省区互济	按需开展	简洁高效	互济资源不稳定
负荷侧	需求响应	响应水平不确定	市场化模式	需要资金支持
	有序用电	执行效果相对稳定	操作简单，可控性高	用户友好度低
储能侧	抽水蓄能	电量平衡型	可靠性高，电量调节性能出色	站址选择受限
	电化学储能	电力平衡型	布局灵活，电力调节性能出色	投资成本高
	储热/储冷	综合能源平衡	跨能源互补	响应速率偏低，商业模式不明确

目前已开展的源网荷储平衡模式试点主要以独立形式开展,包括但不限于:①源侧多能互补,通过综合利用风能、太阳能、水能、火电、核电等不同类型和规模的发电资源,以及燃气、热力、冷力等不同形式的能源,来实现不同时间和空间上的能源互补,从而提高电力系统的可靠性和经济性;②区域多层协调,通过建立区域、省级、国家等不同层次的电力市场和调度机制,来实现不同区域和层次之间的电力交易和调度协调,从而提高电力系统的灵活性和效率;③分布式能源和微电网,将分散的能源资源(如太阳能电池板、风力发电机)与电力负荷相连,通过微电网控制系统管理分布式发电和负荷,以实现局部电力供应和自主运营。

7.3 源网荷储平衡的关键技术

1. 智能电网

智能电网是一种高度自动化和数字化的电力系统,可利用先进的通信和控制技术来实现源、网、荷和储的高度互动。智能电网可以更精确地监测电力需求和供应,以提供更高的效率和可靠性。

2. 电动车充电和电池储能

电动车的普及带来了更多的电力需求,同时也提供了电池储能的潜力。电动车的充电和储能系统可以与电力系统集成,以平衡负载和储存过剩能源。

3. 微电网运行

微电网是小规模的、自治的电力系统,可以与主要电力网络分离运行,以提供局部的电力供应和冗余备用。在故障、灾难等紧急断电情况下,微电网可以维持关键负载的可靠供电。

4. 数字化技术和物联网

数字化技术和物联网的应用在电力系统用于实时监测、控制和优化源网荷储互动。这些技术有助于提高电力系统的效率和可靠性,具有广泛的应用前景。

5. 智能电表和数据集成

智能电表的广泛部署可以提供更多的实时电力数据,这对于监测和管理电力系统的源、网、荷、储之间的互动至关重要。这些数据可以用于优化电力流动、计费、需求响应等,是源网荷储电力市场精细化组织的重要基础。

6. 政策和法规

政府监管机构的政策和法规对源网荷储电力系统的发展和互动模式起着关键作用。政策可能包括可再生能源配额、碳排放标准、电价激励措施等,这些可以影响源网荷储平衡的发展方向和进程。

7. 可持续性和环境友好

能源绿色低碳转型是新型电力系统源网荷储平衡的主要目标之一。源网荷储平衡模式的发展应重点考虑减少环境影响，包括减少温室气体排放、电煤资源消耗等。

8. 电力系统弹性

新型电力系统需要具备弹性韧性，以应对突发事件和不确定性，如极端恶劣天气、级联故障或重要供电中断。源网荷储平衡模式应设计为具备高度韧性，能够快速适应上述不确定性所产生的影响。

9. 综合能源发展

热能、氢能等综合能源技术的发展为源网荷储平衡提供了以电力能源为中心的耦合互动模式，可有效应用于电力系统的调峰、调频，参与电力电量平衡调节，促进更多的源网荷储互动可能。

10. 人工智能技术

人工智能技术是实现源网荷储协同互动的核心支撑技术。人工智能技术，其特点与源网荷储各要素协同痛点相对应，能够提升优化建模对不确定性的拟合表征能力，提升系统对运行风险的辨识响应能力，提升系统在多要素、高自由度、开放条件下的优化调度计算能力，进而实现服务于系统运行优化的动态演化协同建模，提高系统安全稳定运行分析效率，助力复杂优化问题的求解。

7.4　源网荷储平衡的实践及展望

陕西电网目前基于已有源荷结构及调节资源配置，重点开展挖潜常规电源调节能力、完善配套市场机制完善等工作，为后续源网荷储平衡打好基础。

（1）推动常规火电"三改联动"，释放存量调节红利。积极推动陕西火电机组"三改联动"，研究制定"机制兜底、统筹协同、过程追踪"专项机制，全面落实陕西火电机组灵活性改造计划。"机制兜底"指建立科学合理的深度调峰补偿机制，通过差异化价格信号引导火电企业主动加大机组灵活性改造力度，发挥市场机制的资源优化配置作用；"统筹协同"指通过"年统筹、月计划、周安排、日管控"，落实机组计划检修工作与"三改联动"任务的统筹优化和协同推进，从全局角度出发合理安排机组停机时序，最大程度保障火电机组的检修执行和有序改造；"过程追踪"指针对灵活性改造火电机组进行全流程跟踪评估，定期收资改造进展及存在问题，滚动优化机组检修工期安排，按月编制灵活性改造攻坚计划执行情况，同时协调政府监管部门及时开展灵活性改造效果验收及深调能力认定，最大程度压缩灵活性改造与调峰市场准入之间的时间窗口期。

（2）深化辅助服务运营，释放新能源消纳空间。针对调峰形势和调峰资源的快速变化，综合考虑现行调峰辅助服务市场运行情况，推动对调峰辅助服务市场规则及运营模式的系统性完善。调整调峰交易挡位设计。通过调研国内外火电机组低负荷运行技术特点和发展趋势，结合陕西火电机组灵活性改造计划，细化深度调峰挡位划分的颗粒度，增设负载率40%以下多个深调挡位，有序提升低负荷运行机组的调峰收益，激励具备技术条件的机组进一步挖掘调峰潜力，扩大电网调峰空间。优化用户侧调峰交易机制。根据用户具备双向调节自身负荷能力的特性，补充完善用户填谷调峰交易和削峰调峰交易。灵活调节用户可在弃风弃光等下调峰困难时段增加用电负荷、释放新能源消纳空间，也可在负荷高峰等上调峰困难时段降低用电负荷、缓解电力供应压力。结合用户侧调峰交易发展情况，设立不同市场价格机制，分阶段逐步培育用户建立市场参与意识和竞价意识。增设储能调峰交易机制。随着储能技术的快速发展以及新建新能源场站配套储能设施的建设要求，储能逐渐成为重要的调峰资源。通过调研储能设备发展现状和技术特点，总结国内外电力市场储能调峰配套机制，制定符合本省储能建设现状和发展特点的调峰交易机制。发挥储能灵活调节特性，设计充电调峰交易和放电顶峰交易，采用集中竞价模式进行交易组织。在有效利用储能调节能力的同时，充分赋予市场主体自主报价的主动性和灵活性。

随着陕西新型电力系统建设的逐步深化，为了坚持保供电与保消纳双向发力，推进源网荷储可调节资源规模化接入，深化源网荷储平衡系统建设，计划在中短期时间尺度上进一步开展以下工作。

（1）建立与能源转型相匹配的新型电力电量平衡业务架构。持续国—分—省—地—县五级调度统一协调、一体化统筹流程，促进跨区跨省电网调节能力共享共用，促进电力保供资源的大范围互济，推进需求侧响应、用户侧调节能力挖掘。深入研究"双随机"电力系统中"源网荷储"协同互动模式，推动电网备用、转动惯量、应急调度等相关标准制定，推进保供安全、电力平衡、新能源消纳等多目标优化协调。利用先进技术，提升负荷预测、母线负荷预测、新能源发电全网及分区预测，研究新能源按照置信区间纳入电网备用，加强远期电力供应缺口和支撑电源需求研判，研究煤、水、气、风、光等多类型资源参与电力电量平衡的综合量化分析体系，将统筹平衡范围拓展至一二次能源综合平衡，全力响应能源转型电力保供新形势。

（2）持续拓宽系统运行信息感知广度深度。针对陕西能源发展转型，挖掘主网 RTU、PMU，配电网 DTU、TTU 以及用电信息采集系统等各层级数据，以电气量感知为基础，打通数据融合利用通道，构建历史及实时电网运行全息态势感知的"电网眼"，全面提升对源、网、荷以及山火、覆冰等外部环境的智能感知能力和典型场景识别存储能力。

（3）稳步推进源网荷储协同调控机制建设。拓展现有电网自动发电控制（automatic generation control，AGC）技术，研究适应源网荷储多类型资源协同的（automatic power control，APC）控制技术，实现电源侧、储能侧、负荷侧在日前、日内和实时层面的联合优化控制，增强大电网调控能力深度和广度。搭建基于调控云的数据中心交互接口，落实源网荷储协同运行可视化展示，实现可调节资源实时运行监视、区域资源概览等监视功能；完善源网荷储各侧可调节资源的信息物理模型，研发可调节资源建模管理、资源聚合评估、市场调控出清、运行统计分析等核心功能，建设可适应各类可调节资源参与电力保供、助力电网调节的智能调控主站系统。

（4）不断深化陕西需求侧响应建设成果。结合陕西电网夏、冬"双峰"供需形势，配合政府主管部门滚动优化需求侧响应工作方案；持续完善调控、营销、用户间的业务流和数据流，提升陕西需求侧响应调用的空间精细度和时间颗粒度。研究负荷调控的控制策略、分析评估、全景展示，加快推进负荷可观、可测、可调、可控，推动电网调控模式从"源随荷动"到"源荷互动"跨越。

（5）积极支持储能创新化发展。持续跟踪储能前沿技术，结合陕西电网及新能源产业分布特点，寻找合作单位试点氢储能、移动式储能等新型发展模式；依托人工智能、区块链技术，研究源、网、荷各侧储能向共享型储能演变的实施路径，通过各方脱敏信息的实时共享，推动共享型储能边缘计算在局部电力供应支撑、新能源输电阻塞管理等方面的新型应用，探索储能融合发展新场景。

（6）加快建设陕西"中长期＋现货交易"的电力市场体系。完善中长期交易体制机制，增加交易品种，缩短交易周期，提供更加灵活的调节方式，实现带曲线分段电力交易，用价格信号引导形成与电力保供、新能源消纳更加友好的用电曲线。现货市场建成后，按照中长期交易防范风险，现货交易发现价格的定位构建电力市场体系，充分挖掘电力时空价值，用市场化手段优化源网荷储资源匹配。

（7）加快建设新兴产业激励性价格机制。在现货市场建设过渡期，持续推动峰谷时段及电价优化机制落地实施，利用价格信号引导发电侧、用户侧、储能改变供用能习惯、优化供用能时空分布，提升电网保供水平和新能源消纳能力；紧跟国家储能发展战略，研究抽水蓄能、电化学储能的价格形成机制，探索储能发展过渡期成本疏导解决方案，引导新兴产业市场主体健康有序发展。

（8）强化可调节负荷继电保护管理。开展可调节负荷继电保护配置和整定计算审查，确保满足《可调节负荷并网运行与控制技术规范》（DL/T 2473.1～DL/T 2473.13）要求。结合陕西电网和各地市电网特点，组织各单位制定本地市的相关细则和运行规定，防止可调节负荷继电保护不正确动作威胁主网和配电网安全运行。

8 新型高弹性电力系统关键技术

8.1 弹性电力系统

8.1.1 电力系统弹性的研究背景

现代社会依靠可靠、经济的电力供应，电力系统规划一般需要满足一定的可靠性标准。但是近期频发的自然灾害给电力系统带来了严重的挑战，彰显了电力系统面对极端灾害应对能力不足的缺点。例如 2008 年中国南方遭受冰灾造成 588 条 110kV 及以上线路中断，1400 万户家庭停电；2011 年日本大地震造成 400 万户家庭停电 7 至 9 日；2012 年飓风桑迪袭击美国东海岸，造成近 300 万户停电；2016 年中国江苏省发生龙卷风，2 条 500kV 线路、4 条 220kV 线路、8 条 110kV 线路断线，造成 13 万家庭停电；2019 年委内瑞拉的大停电，委内瑞拉 23 个州中一度有 20 个州全面停电，停电导致加拉加斯交通系统受到严重影响，手机和网络无法正常使用。以上各大停电事件都向我们表明：电力系统面临"满足可靠性要求，但缺乏弹性"的严峻考验。

中央财经领导小组在第六次会议有关国家能源安全战略的研讨中强调，能源安全是关系国家经济社会发展的全局性、战略性问题，对国家繁荣发展、人民生活改善、社会长治久安至关重要。这就要求电力系统的安全运行不再是仅限于日常的安全维护与故障应急，而是在面对极端事件时还需要具有一定的灾害承受能力以及灾后恢复能力，即现代电力系统既要满足可靠性要求，还要具有足够的弹性。弹性针对的是电力系统应对各种灾害和破坏的能力，即系统在遭受各种冲击事件时，在事前可以预防，事中能及时抵御，事后能够迅速恢复。电力系统作为关系到国家安全和国民经济命脉的重要基础设施，不仅要满足正常环境下的可靠运行，更需要能在极端灾害发生时维持必要的功能。日益频发的各种自然灾害和人为袭击正威胁着系统的安全可靠运行，弹性已经成为电力系统发展的必然要求。

目前弹性的重要性已经成为全球共识。美国、欧盟、日本等国家地区政府机关均已明确提出弹性是包括电网在内的重要基础设施必须满足的要求。2009

年美国能源部提出弹性将是智能电网的重要特征。美国相继出版的两个总统令（U.S. presidential policy directives，PPD‒8 and PPD‒21）都提出要提高国家重要基础设施系统对扰动的应对能力。构建弹性电力系统已成为各国着力发展的国家战略。

8.1.2 电力系统弹性的灾害模型与评估方法

灾害的建模即对各类灾害的风险因素进行刻画。可能引发灾害的因素称为致灾因子，通常是指台风、暴雨、雷电等，也称为灾源。对任何致灾因子的刻画都需要三个参数才能加以完整的描述，即时间、空间和强度。时间指灾源出现或发生作用的时间，即在时间轴上刻画的时间点或时间段；空间指灾源所在的地理位置；强度指灾源的灾变强度表征。因此，灾害建模主要是研究给定地理区域一定时间段内各种强度的灾害发生的可能性。

灾害建模旨在对致灾因子进行风险分析，核心内容是建立灾害强度和频率之间的关系，并由此导出在未来一定时段内某灾害强度指标超过一定值的概率。致灾因子的灾变强度越大，给电力系统等城市关键基础设施和人民的生命与财产安全造成的破坏就越强烈；致灾因子发生的概率或频率越大，其对承灾体造成破坏和损失的可能性就越大。因此，致灾因子的危害风险性可以描述为致灾因子灾变程度和相应发生概率的二元组，即

$$H = \langle M, P \rangle \qquad (8-1)$$

式中，H（hazard）指致灾因子的危害风险性；M（magnitude）指致灾因子灾变程度强弱；P（probability）指相应强度致灾因子的发生概率。

在灾害对电力系统的影响刻画中，还需要充分考虑极端灾害的动态特性，描述各类极端灾害发生发展的核心特征，将灾害在时间维度轴上由时间点拉伸为时间段。为综合刻画极端事件所引发灾害的潜在风险和动态特性，提出极端事件通用建模框架：

（1）分析提取能够表征致灾因子强度（灾变程度、影响范围、持续时间等）的关键参数，建立其概率分布模型或极值回归模型；

（2）基于气象或地理模型将所提取的关键参数转化为动态的灾变场景（台风过境场景、强降雨过程等）；

（3）构建灾害模拟发生器，其能够基于多维关键参数的概率分布生成动态的模拟灾害场景。

作为电力系统弹性研究的重要组成部分，弹性评估方法的研究吸引了诸多

专家学者的关注。准确合理的弹性评估方法，可以帮助决策人员量化面对可能
发生的灾害时电力系统维持电力供应的能力；可用于指导电力系统防灾减灾规
划、灾前薄弱环节有效辨识与加固、灾中电力系统实时防御与适应以及灾后系
统的快速恢复工作。

以应对台风灾害为例，电力系统弹性的评估流程主要包括灾害场景生成、
灾害模拟分析和弹性指标计算三大部分，如图 8-1 所示。

极端事件对电力系统的影响包括灾中和灾后阶段，需考虑元件故障停运、
负荷转供、抢修复电等环节。对于灾害模拟分析中的每一个灾害场景，均按照
以下步骤对灾害场景进行模拟：

（1）评估灾害场景下电力系统元件的故障率。根据历史灾损数据和实验结
果对电力系统架空线路、变压器等户外元件在极端事件下的故障率进行统计分
析，根据分析场景的灾变强度评估电力系统元件的故障率。

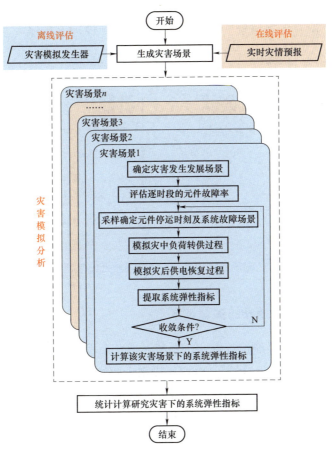

图 8-1　电力系统弹性评估流程

（2）计算电力系统元件的强迫停运率曲线，采样确定元件停运时刻，生成电力系统的故障场景。在极端事件发生时电力系统元件可认为是不可修复元件，可根据不可修复元件的故障率确定其依赖于时间的强迫停运率曲线，其为一分段的指数函数，根据元件的强迫停运率曲线采样确定元件的随机停运时刻。

（3）灾中负荷转供模拟。当电力系统中存在故障元件时，利用最小切负荷模型模拟灾中负荷转供过程，计算电力系统的负荷保有量，生成图 8-2 所示系统性能曲线中 $t_1 \sim t_3$ 时段内的曲线。

（4）灾后供电恢复模拟。灾害结束后对抢修调度过程进行模拟，利用元件修复和负荷恢复协同优化的方法，计算电力系统负荷恢复供电的时间，生成图 8-2 所示系统性能曲线中 $t_3 \sim t_4$ 时段内的曲线。

通过灾害模拟分析可以得到各灾害场景下的系统性能曲线，根据系统性能曲线可以计算极端事件下电力系统的弹性指标。通过性能曲线可以直观反映出三项核心指标：损失负荷量、恢复时间、损失电量。对于离线评估，还需要计算各类指标在所有灾害场景下的统计期望值作为弹性评价指标。

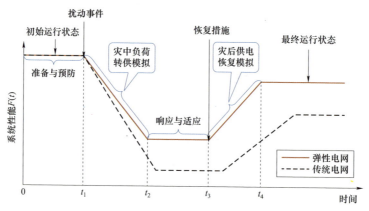

图 8-2　飓风等扰动事件下电力系统抵御与响应过程

8.1.3　电力系统弹性提升的关键技术

电力系统弹性与系统运行方式、系统元件冗余程度、系统防灾减灾计划等因素息息相关。有关文献总结了 2000 年以来出版的电力系统防灾、减灾相关的报告与论文，几乎所有研究都将提高现有的配电网设计、建设标准、更新老旧电气设备作为首要建议。配电网位于电力系统末端，相对于主网更为脆弱，对灾害事件更为敏感，加强配电网线路强度，增加杆塔抗灾强度，有选择性地将配电线路埋入地下，选用防冰、防水元件是比较常见的选择。除此之外，加强线路巡检、植被修剪管理、提高通信及其他技术的应用，风险管理、合理经济地加固基础设施、采用自动馈线开关等都是提高恢复力的有效策略。

在应对灾害的规划阶段，开展电力系统薄弱环节的辨识和强化是提升灾害抵御能力的有效手段，电力系统超高压、远距离、大容量和跨区域电网格局的形成，使得电力系统的规模愈发庞大，运行机理愈发复杂。同时，在能源转型背景下，新能源的间歇性与波动性给日益复杂的电力系统的安全运行带来了更大的挑战。在面对突发事件时，某些元件的故障会导致整个系统运行出现问题，这些元件被称为系统中的重要元件，是钳制系统运行水平的关键。对重要元件的识别能够为电力系统的投资决策提供理论依据以保证方案的经济性和有效性。对于配电网，配置分布式电源（distributed generator，DG）和远动开关（remote-controlled switch，RCS）等设施可以为电网灾害后的负荷恢复提供灵活有效的应对手段。

在对灾害的应急防御与恢复阶段，需要科学合理地安排部署抢修的人力物资，建立完善应急响应体系，实现不同基础设施间的信息共享与协调指挥。在灾害导致系统故障后，需要进行快速准确的故障研判，基于气象信息、用户侧反馈、系统脆弱性分析、现场监测等多信息源融合的系统状态感知技术及时、准确地定位故障；进一步优化调用系统能源资源，结合主动配电网与微网等先进技术实现快速高效的系统恢复。智能电网技术是提高电力系统弹性的重要手段。智能电网技术中的事故预警、故障检测、IT 通信、故障定位等技术的应用将有效提升灾害发生前后各阶段有效应对灾害的能力。智能电表的停电报告功能可以提高配电网发现故障的能力，极端条件下的网架重构可以保证负荷快速供电。在高比例新能源、直流输电规模、网架结构对电网运行影响日益深切的背景下，有必要考虑故障、源荷多类不确定性因素，结合电网设备特性，优化资源调度安排，设计最优恢复策略，提高电力系统恢复能力。

8.1.4　国内外电力系统弹性相关实践案例

提升和保证社会关键基础设施在极端事件下的应对能力已经成为全球共识。根据美国能源部（United States Department of Energy，DOE）2009 年的《美国复苏与再投资法案》，美国电网现代化建设投资总额约为 95 亿美元。2017 年 9 月 12 日，DOE 向能源部国家实验室提供 5000 万美元，用于初步研究和开发下一代工具和技术，以进一步提高国家关键能源基础设施的弹性和安全性，满足 21 世纪及未来的需求。DOE 将能源安全列为优先事项，据不完全统计，2018 年至今在加强网络安全和电力基础设施弹性领域的项目共资助 2.103 亿美元，具体包括项目见表 8 – 1。

表 8 – 1 　　　　　DOE 在加强电力基础设施弹性领域的资助项目

发布时间	投资	项目具体内容
2018 年 4 月 16 日	2500 万美元	加强和巩固国家重要能源基础设施安全
2018 年 5 月 1 日	3000 万美元	研究长期能量存储技术以提升电网弹性
2018 年 9 月 25 日	580 万美元	提高国家能源基础设施可靠性与弹性
2018 年 10 月 1 日	2800 万美元	推进国家关键能源基础设施的网络安全
2018 年 10 月 15 日	4600 万美元	提高太阳能发电的弹性以应对网络和物理威胁
2018 年 11 月 14 日	750 万美元	支持下一代变压器研究以增强电网的弹性
2019 年 1 月 24 日	4000 万美元	资助电网现代化以提高弹性、可靠性和安全性
2019 年 4 月 17 日	2000 万美元	资助人工智能研究以推进基础科学和提高弹性
2019 年 5 月 9 日	800 万美元	开发下一代技术提高能源系统的可靠性和弹性

2022 年 2 月 24 日，DOE 首次发布了确保能源安全和提高能源独立性的计划。这份题为《美国确保供应链安全，实现清洁能源转型战略》的报告列出了数十项关键战略，以建立一个安全、有弹性和多样化的国内能源行业工业基础，战略中明确提出将采取 60 多项行动，以提升供应链弹性与可靠性。

英国政府重点关注长期的弹性规划和运行，如 2011—2016 年英国工程与自然科学研究委员会（Engineering and Physical Sciences Research Council，EPSRC）开展的弹性电力网络项目致力于开发仿真工具，以分析极端天气条件下电力系统的弹性水平，提高英国电网的恢复力和应对气候变化的能力。2019 年，EPSRC 公布"弹性国家：实现适应性的解决方案"计划，并将其列为战略实施计划的研究与创新重点。经历地震和海啸引起的大停电事故后，2013 年，日本的国家弹性项目投资总额为 2100 亿美元，重点关注关键能源、水、交通和其他关键基础设施的整体弹性水平。

2008 年中国南方冰雪灾害造成大停电事故后，国内相关机构一直关注电力系统应对极端自然灾害的相关工作。委内瑞拉大停电后，国家电网有限公司在中国电科院成立了非常规状态研究中心，中国南方电网有限责任公司在总调成立了电力安全风险管控办公室。在网省公司层面，国网浙江省电力有限责任公司提出了多元融合高弹性电网的发展战略，构建海量资源被唤醒、源网荷储全交互、安全效率双提升的多元融合高弹性电网；中国南方电网有限责任公司推进保底电网建设，保重要城市核心区域、关键用户在极端自然灾害情况下不停电、少停电。国内高校也在应对自然灾害与防灾减灾方面开展了一系列研究，近年来弹性电力系统相关国家自然科学基金资助项目见表 8-2。

表 8-2　　　　　　弹性电力系统相关国家自然科学基金资助项目

项目起止年月	项目名称	依托单位
2016 年 1 月—2019 年 7 月	智能配电网恢复力的评估理论与方法研究	西安交通大学
2017 年 1 月—2020 年 12 月	基于结构洞视角的应急救援团队情景意识形成机理研究	中国科学院大学
2017 年 1 月—2021 年 12 月	电力系统安全性框架下并网电力电子变流器运行韧性分析及评估研究	武汉大学
2018 年 1 月—2021 年 12 月	基于态势感知的电力系统抗信息攻击韧性研究	广西大学
2019 年 1 月—2021 年 12 月	考虑暂态约束的配电网关键负荷恢复优化决策与风险限制方法研究	北京交通大学
2020 年 1 月—2023 年 12 月	考虑极端事件恢复力与常态运行经济性均衡的交直流混联配电网规划方法研究	中国农业大学

8.2　自然灾害带来的冲击

8.2.1　自然灾害导致的停电事故情况介绍

近十年来，世界范围内台风、雷击、暴雨等自然灾害日益频发，造成了多起大停电事故，给人们的生活造成了巨大的影响，同时还有巨大的社会经济损失。

表 8-3 统计了美国 1984—2006 年共 933 起停电事故，其中，由于极端天气造成的停电事故 462 起，占了总体的 49.6%，总损失负荷 6272MW，占总损失负荷的 78.7%。

表 8-3　　　美国 1984—2006 年 933 起停电事故停电原因统计

停电原因	事件占比/%	负荷损失/MW	涉及人数/人
地震	0.8	1408	375900
龙卷风	2.8	367	115439
飓风/热带风暴	4.2	1309	782695
冰雹	5	1152	343448
雷击	11.3	270	70944

续表

停电原因	事件占比/%	负荷损失/MW	涉及人数/人
降雨	14.8	793	185199
严寒	5.5	542	150255
火灾	5.2	431	111244
恐怖袭击	1.6	340	24572
资源短缺	5.3	341	138957
设备故障	29.7	379	57140
运行故障	10.1	489	105322
失压故障	7.7	153	212900

表8-4统计了国家电网公司2005—2012年66kV及以上高压架空线路跳闸的原因和次数。

表8-4　　　　　国家电网公司2005—2012年66kV及以上
高压架空线路跳闸与非停次数

跳闸原因	跳闸次数/次
雷击	9788
外力破坏	4928
覆冰舞动	3856
污闪	384
风偏	824
鸟害	1544
其他	1510

上述统计数据表明，与其他原因相比，自然灾害导致的停电事故比例更高，同时造成的负荷损失比例也更高。而一些极端自然灾害造成的影响则更为显著。

8.2.2　自然灾害导致国内外典型停电事故分析

为说明极端自然灾害对电力系统的影响，下面列举几起典型的大停电事故。

1. 澳大利亚"9·28"大停电

当地时间2016年9月28日下午，一股强台风伴随暴风雨、闪电、冰雹袭击了南澳大利亚州（南澳），使南澳电网在88 s之内遭受5次系统故障，风电机

组大规模脱网,最终演变成持续 50h 的全州大停电(停电 7.5h 后恢复 80%～90%
负荷供电, 50h 后全部负荷恢复)。

2. 2012 年美国桑迪飓风

2012 年 10 月 29 日晚,飓风"桑迪"以超过 130km/h 的速度登陆美国大西
洋城,登陆过程中,飓风"桑迪"与一股北极高速气流汇合,形成了非常态的
热带风暴。伴随着强风、暴雨和风暴潮的猛烈攻击,一度有 18 个州,超过 820
万住户和商家停电, 1.95 万架次航班被迫取消,纽约、华盛顿与费城三大城市
交通中断,纽约证券交易所在 100 多年来首次停业两天。

3. 巴西及巴拉圭停电事故

当地时间 2009 年 11 月 10 日,巴西、巴拉圭发生大规模停电事故。事故发
生前,巴西南部圣卡塔琳娜州和巴拉那州的冷空气引发了飓风、强降雨以及密
集的雷电, Itabera 开关站近区雷电频繁,伴随着暴雨和大风,恶劣的气象条件
导致在 Itabera 变电站发生 3 次连续不同相的单相短路故障。事故导致巴拉圭几
乎全国陷入一片黑暗。巴西则有 18 个州受到停电事故的影响,受影响面积约占
全国领土面积的 44%,受影响人数 6000 万,占全国人口总数的 25%。本次大停
电持续了 4h 左右,造成的经济损失巨大。

4. 国内停电情况

2014 年 7 月 18 日,超强台风"威马逊"在海南省文昌市翁田镇沿海以超
强台风的"身份"登陆,登陆时中心附近最大风力为 17 级(60m/s)。该台风破
坏力极强,造成 215.6 万用户受到影响,其中湛江地区受灾最为严重,徐闻县
全县停电。

2008 年 1 月 11 日开始,受持续低温阴雨的异常天气影响,常德、益阳等
地多条 200kV 及 500kV 主干线覆冰,杆塔覆冰最厚处达 70～80mm,导致大范
围的倒塔、导线断线或受损、大量配电变压器损坏,造成衡阳、郴州等地区大
面积停电事故,直接经济损失数十亿元。

2005 年 9 月 25 日,强台风"达维"袭击海南岛,造成海南电网大批 35kV
及以下配电设备受损和主网 110kV、220kV 线路大量发生永久性故障跳闸,进
而导致海南电网全网崩溃。台风损毁输电线路 336.8km,直接导致了海南电网
的大面积停电。

第3篇
省级电网安全风险防范实践

9 新能源预测技术及在电网风险防范中的应用

新能源发电以风能、太阳能为能量来源，发电功率具有明显的随机性、瞬变性、波动性，新能源大规模接入电网将导致发用电平衡难度增大，电力系统运行不确定性增加。为了应对新能源高比例接入带来的电网发用电平衡挑战，新能源发电功率预测技术研究便是关键，本章就新能源发电功率预测技术的研究和产业化情况做出介绍。

9.1 新能源预测技术发展概况

9.1.1 风电预测系统及其技术发展研究

国外风电功率预测技术的研发始于 20 世纪 70 年代，经历了相对快速的发展，根据其技术路线和应用范围，可以把将主要发展历程划分为三个阶段。第一阶段：1990 年之前是起步阶段，20 世纪 70 年代，美国太平洋西北实验室 PNL 首次提出了风电功率预测的设想。第二阶段：1990—2000 年是功率预测技术的快速发展阶段。1994 年，丹麦国家可再生能源实验室开发了首套风电发电功率预测系统，该套系统通过丹麦气象研究院的高分辨率有限区域数值天气预报数据，结合物理模型实现风电场的输出功率预报，并在丹麦、德国、法国、西班牙、爱尔兰、美国等地的风电场得到广泛应用。同年，丹麦科技大学开发了基于自回归统计方法的风电功率预测工具 WPPT。WPPT 最初采用适应回归最小平方根估计方法，并结合指数遗忘算法，可给出未来 0.5～36h 的预测结果。自1994 年以来，WPPT 一直在丹麦西部电力系统运行。第三阶段：2000 年以来的发展阶段，是各类功率预测技术集中涌现期。2001 年，德国太阳能研究所 ISET 开发了风电功率管理系统 WPMS。从 2001 年起该系统一直应用于德国四大输电系统运营商，并已成为较为成熟的商用风电功率预测系统。2002 年 10 月，由欧盟委员会资助启动了 ANEMOS 项目，发展适用于复杂地形、极端天气条件的内陆和海上风能预报系统。ANEMOS 基于物理和统计两种模型，使用多个数值天气预报模式，达到了较为理想的预测精度。2002 年，德国奥尔登堡大学研发了 Previento 系统，主要改进是提高了对天气预报风速和风向的预测精度。2003 年，丹麦国家可再生能源实验室与丹麦科技大学联合开发了新一代短期风功率预测系统 Zephry，该系统融合可进行未来 0～9h 短期预测和 36～48h 的短期预测，时间分辨率达到 15min。

在国内，2008 年中国电力科学研究院有限公司推出国内首套商用的风电功率预测系统 WPFS er1.0。2009 年 10 月，吉林、江苏风电功率预测系统建设试点工作顺利完成。同年 11—12 月，西北电网、宁夏电网、甘肃电网、辽宁电网风电功率预测系统顺利投运。2010 年 4 月，以风电功率预测系统为核心的上海电网新能源接入综合系统投入运行并在国家电网世博企业馆完成展示。2010 年，北京中科伏瑞电气技术有限公司研发了 FR3000F，能满足电网调度中心和风电场对短期功率预测（未来 72h）和超短期功率预测（未来 4h）的要求，采用基于中尺度数值天气预报物理方法和统计模型相结合的预测方法，提供差分自回归移动平均模型（auto-regression and moving average model，ARIMA）、混沌时间序列分析、ANN 等多种算法。2010 年，华北电力大学依托国家 863 项目研发了一套具有自主知识产权的风电功率短期预测系统 SWPPS，该系统相继在河北承德红淞风电场、国电龙源川井和巴音风电场得到了应用，6h 内的预测误差在 10%以内。

9.1.2 光伏预测系统及其技术发展研究

2003 年，法国 Meteodyn 公司成立并开始开展风、光等新能源发电相关研究。由该公司研发的 MeteodynPV 软件可以对光伏电站输出功率进行预测，预测精度比较高。同时，该软件还可以估算太阳能资源，评估年产量，确定光伏板的最佳位置，同时进行现场适用性分析。

丹麦 ENFOR 公司开发的 SOLARFOR 系统是一种基于物理模型和先进机器学习相结合的自学习自标定软件系统，可进行光伏发电功率预测，通过功率历史数据、短期的数值天气预报数据、地理信息等要素充分结合，采用自适应的统计模型对光伏发电系统在未来 0～48h 短期发电功率进行预测。SOLARFOR 预测系统使用历史天气和功率数据进行初始化，用来训练描述光伏电站功率曲线的模型或相关数据。该系统目前在欧洲、北美、澳洲等国家应用较为广泛。

瑞士日内瓦大学研发的 PVSYST 软件是一套应用较为广泛的光伏仿真模拟

软件，可以对光伏电站的发电功率进行各个时域范围的预测，还可用于光伏发电系统的工程设计。该软件可分析影响光伏发电的主要因素并最终预测分析得出光伏电站在各个时域尺度的发电量。

国内研究应用方面，2010 年 3 月，由中国电力科学研究院有限公司开发的"宁夏电网风光一体化功率预测系统"在宁夏电力调控中心上线运行。同年，上海世博会展示的"新能源综合接入系统"实现了对 6 座场馆的光伏系统发电功率预测功能。2011 年，由中国电力科学研究院有限公司研发的光伏电站功率预测系统在甘肃上线运行，实现了光伏电站辐照强度、气压、湿度、组件温度、地面风速等气象信息采集功能。2011 年，湖北省气象服务中心开发了"光伏发电功率预测预报系统 V1.0"，后续持续迭代更新，在全国多省市获得推广应用。2011 年，北京国能日新系统控制技术有限公司开发的"光伏功率预测系统（SPSF－3000）"上线运行。2012 年，国电南瑞科技股份有限公司研发的"NSF3200 光伏功率预测系统"在西北地区多个省份的光伏电站投入使用。

9.2　新能源发电功率预测方法

新能源发电功率预测方法按照采用预测算法的不同可分为物理法、统计学法、人工智能法、组合法等。

9.2.1　物理法

物理法是通过直接构建新能源电站环境信息与预测对象之间的对应关系模型，将直接关联的各类气象要素参数作为预测模型的主要输入变量构建预测模型。新能源发电高度依赖风资源、辐照资源，其发电功率预测直接受不同高度风速、风向、地形地貌条件、户外气温、光辐照度、云量等环境因素影响。预测算法高度依赖物理量与预测对象间的关联关系分析。物理法对所获取的物理信息的可靠性要求较高，由于气象预报数据本身存在预测的不确定性，特别是多重气象要素叠加时预测偏差将显著增大，因而在进行新能源发电预测时会出现不确定性的累积放大。

9.2.2　统计法

统计学方法是新能源发电功率预测的常用方法，通过对新能源场站历史风光资源数据、发电数据分析，建立历史数据与预测对象之间的函数模型。其中，时间序列模型是典型的统计方法，常见模型有自回归模型、移动平均模型、自回归移动平均模型、差分整合移动平均自回归模型等。传统的统计学方法简单易实现、可解释性强，常应用于超短期、短期预测中。随着制约新能源发电的因素日趋复杂化，风、光资源受大气环境变化的影响不断加剧，统计法需要结合更多先进人工智能技术，从而进一步提升预测准确性。

9.2.3　人工智能法

在新能源功率预测领域广泛应用的主要人工智能技术包括人工神经网络算法、支持向量机算法、遗传算法、深度学习法等，凭借其在复杂非线性映射中具有的优势，现已成为新能源功率预测领域的一个重要方法。其中，人工神经网络（artificial neural network，ANN）是人工智能的典型代表和研究热点。神经网络的类型有多种，传统的有反向传播神经网络、径向基函数神经网络、极限学习机等。随着深度信念网络、长短期记忆网络和卷积神经网络等多层深度神经网络技术的发展，在新能源发电预测领域有了一定发展后，逐步成为研究热点。

人工智能技术在新能源发电预测技术研究方面主要有以下优势：① 处理非线性映射问题的能力强，能够深度挖掘风光发电功率预测各变量间复杂的映射关系，准确提取预测数据波动特征向量。② 获取信息范围广，可以同时处理海量历史数据，支撑大范围模型训练；还可以分析风光资源数据及各发电单元的实时运行数据；通过数据编码等数据预处理方法有效分析处理非数值类信息。通过提升海量数据协同处理能力，有效应对各要素波动性造成的发电功率预测偏差。③ 可扩展性强，可以较为容易地和其他预测算法相结合，特别是在与物理算法结合时，预测准确率提升效果良好，逐步成为主流预测技术。

9.2.4　组合法

单一预测方法在处理特定场合预测问题时具有优势，而新能源电力系统的随机波动性对预测方法的泛化性能提出更高要求，因此，有学者研究了基于多种预测模型的组合方法，可以整合多种方法的优势，实现多场景灵活适用。人工智能模型具有数据深度挖掘、多维特征提取、非线性映射优势特征，在与物理方法的结合中实现物理信息与数值信息高效整合，实现预测性能提升。多种人工智能模型的优势组合也提高了预测性能。组合方法可以整合多种方法的优势，有效规避单一方法的缺陷和不足，但如何根据预测场景选择恰当的单一方法以及单一方法的组合方式是应用组合方法时需要考虑的问题。

9.3　新能源功率预测技术发展趋势

现有新能源功率预测技术局限于短期、超短期预测范畴，主要支持日前电网运行方式安排和实时运行业务，距离解决新能源发电功率的不确定性影响仍存在较大空间。为全面支撑多时间尺度电力电量平衡与多级电力市场，新能源预测亟需补齐短板，向更长、更快、更准确的方向发展。从现有功率预测计算流程看，在模型输入环节，数值气象预报质量是制约新能源功率预测精度提升的关键环节；在数据处理环节，样本数据缺失问题亟需解决；针对预测场景，研究沙尘、寒潮、云层堆叠等极端气象场景下的风电、光伏发电功率预测准确率问题更具现实意义。基于此，对新能源功率预测技术发展趋势展望如下。

（1）持续完善支撑电力气象的数值天气预报产品。目前，对新能源功率准确率提升最大的瓶颈在于前端气象预报数据，受限于现有技术条件和相关政策法规，各级气象台、气象服务中心的气象预报产品对电网运行的支撑有限，商业气象预报产品发展缓慢，用于支撑超短期新能源发电功率预测的短临气象预报产品仍有较大空白，需要深化与气象服务机构的协同联动，明确气象预报需求，深化预报技术研究，加快完善满足电力气象需求的数值气象预报产品。

（2）深化"气象＋预测＋电网"协同联动，提升极端天气功率预测能力。近年来，厄尔尼诺和拉尼娜现象频发，连续高温、区域性强降雨、大范围寒潮等极端天气屡有发生，加剧了新能源发电的波动性，且在日前环节难以准确预测，给电力安全供电和清洁能源消纳均带来了极大挑战。由于现有单值预测方法缺乏针对极端天气的预测模型，导致预测精度与稳定性较差。现有研究针对新能源功率预测的整体精度水平虽然基本达标，但是在局部时段误差较大。需要建立涵盖气象服务机构、高校科研团队、新能源功率预测服务商、电网公司、新能源发电企业等多方联动的极端天气过程新能源功率预测技术研究团队，开展极端气象场景下的差异化预测技术研究。在天气系统较为稳定时，可采用现有预测方法；存在突变天气可能时，采用专用的气象预测模型，通过关联技术、基于状态空间重构等数据驱动方法，客观描述新能源发电的动态过程，从而提高局部突变天气时段的预测精度，提升电网的极端天气应对能力。

（3）发展有限样本条件下的功率预测技术。近年来，随着海量数据的积累，在大数据技术的支撑下，机器学习和深度学习在许多领域中取得了进展，但受限于在新能源发电功率预测领域的应用场景样本缺失，可用数据量少，未能有效推广应用。根据发展规划，我国新能源装机规模仍将维持高速增长态势，大量"沙戈荒"项目的发展同样将面临历史积累样本不足的问题。此外，转折性、高影响天气呈现逐步多发的态势，同样面临历史样本不足的问题，在一定程度上制约了针对性预测技术研发工作的开展。因此在具有一定数量样本的前提下，发展基于有限样本的新能源功率预测具有显著的现实意义，现有小样本学习模型都是单一使用数据增强或迁移学习的方法，后续研究可将二者进行结合，通过将不同小样本学习方法的融合，从数据和模型两个层面同时进行改进，将对基于统计法的功率预测技术路线带来极大的提升。

9.4 实践案例

9.4.1 基于"双碳"目标的省级电网安全风险管理体系建设

1. "1+3+3"管理体系建设实施路径

"十四五"期间，新能源将迎来爆发式增长，电力系统向高比例新能源、高比例电力电子化"双高"形态快速转变，市场化改革全面深入推进，电力生产组织模式面临深刻变革，针对新型电力系统建设转型期陕西电网调度管理所面临的电源电力电子化、主网一体化、配网有源化、运行市场化带来的核心问题，国网陕西电力研究制定"1+M+N"管理实施路径，立足"双碳"目标构建新型电网调度管理架构，坚持从"调度运行、调度管理、调度技术"三个重点方向出发，围绕"电网安全运行、清洁能源消纳、市场化生产组织"三大工作目标，构建三大体系即：建设适应新型电力系统运行要求的电力安全立体防御体系、适应能源转型发展目标要求的清洁能源消纳体系、适应市场化改革要求的电力生产组织协调体系，实现调度管理精益化、系统化；调度运行低碳化、市场化；调度技术数字化、智能化。

2. "一个引领，四个坚持"的基本原则

不断强化"党建引领"，始终做到"安全、低碳、务实、开放"的发展原则。始终把党的建设摆在突出的位置，强化政治担当，强化调度作风和能力建设，不折不扣贯彻党中央决策部署。坚持安全第一、绿色低碳。新型电力系统调度管理必须以确保电网安全稳定运行为首要前提，调度管理必须有利于促进清洁能源消纳。坚持务实高效、开放共赢。新型电力系统调度管理必须坚持问题导向，措施制定要遵循电力系统运行客观规律和经济原理，紧密结合陕西资源禀赋和电网特征，着力构建适应陕西省情网情的调度管理体系。必须依靠源网荷

储各方合力，应致力构建主体多元、开放共享、公平公正、各方共赢的平衡调度管理体系，统筹兼顾各方主体诉求，持续提升电力系统整体运行效率、新能源消纳能力和需求侧响应能力。

9.4.2　构建适应新型电力系统运行要求的安全防御体系

电力系统的技术和控制基础深刻变化，电力电子化特性突出，电网安全管控体系亟待增强。随着电力电子设备大量替代旋转同步电源，转动惯量大幅减小，系统故障特性发生变化，动态调节能力严重不足，电网频率、电压控制难度加大，安全风险不断增加。运行控制进入"无人区"，电力系统"双高"特性凸显，构筑在以同步发电机为主体的稳定基础理论亟需拓展，仿真分析方法和控制技术手段亟需突破。

1. 开展双平台仿真计算，逐步提升系统特性分析能力

针对新能源大规模并网后电网特性的深刻变化，国网陕西电力持续深化电网特性分析，不断强化对电网本质的认识。依托陕西电科院电磁仿真实验室，参与国家电力调度控制中心电磁仿真三年行动计划，不断提升电网电磁暂态仿真能力。2023 陕西省调首次利用基于 PASAP 的电网潮流及机电暂态故障卡，在 ADPSS 中进行陕武直流电磁暂态详细建模，进行机电暂态仿真与机电—电磁混合仿真对比分析，研究直流故障对陕西电网的影响，比对混合仿真与机电仿真系统所研究的直流故障（连续换相失败 2＋1）后陕北换流站暂态压升、故障曲线、功角曲线。此外，陕西省调创新性开展陕北地区新能源建模工作。对接入陕西电网的新能源电站进行全面调研梳理，结合不同新能源设备控制策略及暂态特性差异，将逆变器聚合为 4 类机电建立模型，并根据陕北新能源控制策略优化要求，创新性建立陕北新能源单机及场站级全电磁模型，为新型电力系统的全电磁仿真打下坚实基础。国网陕西电力建立了电网新能源发电模型的参数库，根据不同新能源电站使用的设备型号，在参数库中选取对应的典型参数，并在 PSASP 程序中对应设置参数，实现仿真计算用模型与新能源场站实际特性的高度一致，为电网实际运行提供科学指导。

2. 搭建多源协调安全管控体系，强化系统运行控制能力

陕西省调以"断面更加安全，频率更加稳定，关口更加平稳，用电更加绿色"为目标，设计建立了基于多源协调的电网安全管控体系。①优化陕北地区多电源协调控制策略。针对陕北地区新能源外送受阻问题突出、陕北地区电源种类多、数量庞大、协调困难等问题，进一步优化陕北地区新能源、省调火电、网调火电协调控制策略。②优化多层级嵌套断面间协调控制策略。优化同断面

内新能源场站之间出力，使同断面新能源受限时，可按负载率、弃电率等指标对各厂限电电力进行重新分配从而实现新能源受限时段各场站的优化控制。③ 提出多源协调联络线控制策略。基于西北电网"黄河中上游水电集中调频，五省严守联络线"的调频模式，设计新能源参与联络线调整的控制策略及新能源与火电切换联络线调整职责的切换策略。针对午低谷全网调峰受限时段，研究新能源协调参与联络线控制的逻辑与算法，并实现稳态控制效果与抵御电网大扰动能力的兼顾。

强化在线安全稳定分析实时感知电网安全态势，针对新型电力系统运行方式多变、不确定性增加、安全风险加剧等突出问题，国网陕西电力全面构建大电网调度运行关键指标系统，利用安全稳定、平衡调节、新能源消纳三大类 23 个具体指标，从静态、功角、电压、频率和短路电流多维度绘制大电网运行全景监控画面，可视化展示电网运行风险实况，构建全网协同、智能决策的风险管理体系，从全局最优角度出发全面提升运行风险防控能力。随着在线安全分析工具应用的不断深化，陕西省调形成了"离线安全稳定计算＋在线安全分析校核"的工作机制。日前环节，系统运行专业通过离线计算确定电网正常方式、检修方式及临时方式稳定控制原则。实时环节，由调度员通过在线安全分析工具对系统运行专业提供的稳定控制原则进行再计算和再校核。通过"离线＋在线"安全分析校核，陕西省调实时开展电网安全稳定评估及运行趋势预测，动态调整电网运行方式，成功处理 $7 \cdot 5$ 咸鹤双回 $N-2$、$8 \cdot 2$ 泾聂迫停、$9 \cdot 16$ 横绥检修方式下夏州主变压器故障跳等多起电网事件。

3. 持续巩固电网三道防线，增强系统故障防御能力

随着新型电力系统源、网、荷、储各环节电力电子设备的广泛应用，其弱支撑性和低抗扰性导致故障响应过程不确定性更强，如不能及时正确隔离故障，将造成新能源脱网、直流闭锁等，极易引发连锁反应，对电网安全各道防线都提出了更高要求。一方面，针对高比例风电接入的陕北电网现状，陕西电网对大规模风电集中接入后对继电保护的影响及保护适应性进行研究。通过系统建模分析，提出适用于继电保护分析的双馈和直驱风电系统的等值建模方法，对继电保护适应性进行分析，构建线路保护整定原则和配置规划技术体系，并结合保护原理与方案研究，针对新能源集中式接入后电网保护配置，提出合适的应对策略。作为子课题负责单位参加了国家电网有限公司 2022 专项重大科技项目《新型电力系统继电保护体系架构与关键技术研究》工作，使用其成果的保护装置已在陕武直流近区 750kV 夏州变电站母线、变压器、330kV 尖樊线挂网运行。另一方面，陕西省调切实开展第三道防线可靠性提升工作，在陕十一个

地区电网全面进行低频低压减载装置在线监视系统功能建设工作：① 开展减载量实时监视功能，切实保证电网实时切荷水平建；② 协助优化切荷方案，最大程度降低切负荷措施对民生的影响；③ 实现低频低压减载装置运行状态的实时监视，确保设备健康可靠；④ 实现事故后装置动作信息的及时统计汇总分析，便于调度机构及时掌握事故情况，采取后续措施。

9.4.3　建设适应市场化改革要求的电力生产组织协调体系

电力系统的生产结构深刻变化，高不确定性特点突出，电力平衡保障体系亟待拓展。常规电源难以满足"尖峰"需求，新能源小发期间电力供应不足和大发期间消纳受限的"两难"问题日益突出，供电保障存在"软缺口"。新能源装机难以有效纳入电力平衡，供应保障存在"未立先破"风险，亟需加强一二次能源综合平衡，变革传统"源随荷动"平衡模式，提升电力供应保障能力。

1. 推动火电灵活低碳发展，稳住煤电供应基本盘

煤电机组是保障我省电力供应的主力，煤电灵活性改造是电力系统调节能力提升的关键手段，国网陕西电力积极推动陕西火电机组节能降碳改造、灵活性改造、供热改造"三改联动"，研究制定"保供优先、机制兜底、统筹协同、过程追踪"专项管理机制，全面落实陕西火电机组灵活性改造计划。① 以落实中长期电力电量平衡为前提以确保陕西电网电力供应安全为基础，充分发挥电网统一调度、统一管理制度优势，做实保供机制、做足配套保障；② 建立科学合理的深度调峰补偿机制，通过差异化价格信号引导火电企业主动加大机组灵活性改造力度，发挥市场机制的资源优化配置作用；③ 通过"年统筹、月计划、周安排、日管控"，落实机组计划检修工作与"三改联动"任务的统筹优化和协同推进，从全局角度出发合理安排机组停机时序，最大程度保障火电机组的检修执行和有序改造；④ 针对灵活性改造火电机组进行全流程跟踪评估，定期收资改造进展及存在问题，滚动优化机组检修工期安排，按月编制灵活性改造攻坚计划执行情况，同时协调政府监管部门及时开展灵活性改造效果验收及深调能力认定，最大程度压缩灵活性改造与调峰市场准入之间的时间窗口期。

国网陕西电力针对陕西大负荷保供期统调火电机组发电受限问题，梳理统计各类型火电机组顶峰能力不足主要成因，配合政府主管部门开展陕西省主力电厂顶峰能力专项治理工作。分类型、分区域选取火电企业代表开展机组顶峰能力治理试点工作，会同电科院、热工院等技术力量，厘清提升火电机组顶峰能力的可行技术路线，推动各试点单位制定具体工作方案并定期跟进工作进度，做好顶峰能力治理试点经验的推广推行；同时，正向引导火电企业提升顶峰发

电能力，开展省间交易费用分配实施规则的调整修编工作并向政府监管部门报备，重点将上网电价高、具有奖励性质的省间交易费用向受阻率低、顶峰能力强的火电机组倾斜，通过价格信号激励高受阻火电企业主动作为，深化提升机组发电运行性能、切实发挥电力保供顶峰作用。

2. 挖掘负荷侧调快速响应能力，提升系统调节资源

针对陕西电网调节供应与调节需求此消彼长、网内快速响应调节资源稀缺的现状，国网陕西电力通过梳理全省市场化用户负荷曲线、典型生产行为及其用电可转移性和可削减性，综合考虑各地区负荷结构构成，选取可调节大工业用户较为集中的榆林地区作为试点地区，开展负荷侧可中断快速响应能力挖掘专项工作。① 开展现场调研，掌握可中断负荷性质及用户容量。省地两级调度成立可中断负荷管理专项小组，深入用户生产现场了解用户生产情况和负荷特性。经初期摸排，区内高耗能负荷有容量大、可快速启停的特点，适合作为可中断负荷来参与日内电力平衡管理，合计梳理具备控制条件高耗能用户 68 家，涉及硅铁、电石、硅锰、金属镁等生产行业，最大负荷合计 324 万 kW，可中断时长为 12～20h。② 强化政企协商沟通，稳扎稳打推动可中断负荷调控落地实施。调度专业就可中断负荷参与电力平衡管理工作联动营销专业共同争取地方政府理解支持，提请政府主管部门协调高耗能用户参与可中断负荷管理工作，取得良好成效；面向高耗能用户组织多次多方座谈，反复确认摸排 68 家高耗能用户的备案负荷及近期实际生产负荷、可控负荷以及可中断时长，确保可中断管理落地实施不会对用户的安全生产造成不利影响，同时就迎峰度夏电网保供实际形势向用户进行普及告知，全力争取用户理解与支持。

3. 丰富辅助服务交易品种，稳妥推进电力市场建设

国网陕西电力稳步推进电力市场建设工作，细致开展省内现货市场调电试运行工作方案编制和风险预控准备工作，全面落实市场化调度生产运行各环节的功能流程测试，切实发挥调电试运行"实战"效能，提升各方主体对市场规则体系和技术支持系统应用的熟悉和掌握程度，进一步检验陕西电力现货市场运营规则的合理性以及技术支持系统运转的稳定性。2023 年 4 月在陕西省发展改革委、西北能源监管局的统一部署和大力指导下，陕西电力现货市场首次调电运行，省内 57 台统调燃煤机组、216 家新能源场站、1 家大工业用户、4 家售电公司作为市场主体全程参与，标志着陕西现货市场交易与电力生产组织实现首次接轨运转。同年 8 月陕西电力现货市场与调频辅助服务市场首次联合调电试运行正式启动，标志着陕西"中长期+现货+辅助服务"电力市场体系建设步入新阶段。电力现货市场、调频辅助服务市场是衔接电力中长期市场与电

网实际运行的重要纽带。前者基于供需关系发现价格、引导市场主体调整优化自身发用电行为；后者响应实时市场闭市后电网运行边界出现的电力偏差，保障市场环境下的发用电功率实时平衡。通过加快构建"中长期＋现货＋辅助服务"电力市场体系，能够进一步优化陕西电力资源配置，助力实现陕西电力安全供应与新能源足额消纳的"双兼顾"。

9.4.4　打造适应能源转型发展要求的清洁能源并网消纳体系

调节手段不适应：清洁消纳逼近"天花板"。新能源的随机性、波动性对大电网平衡调节能力提出严峻考验，如何解决大规模新能源并网、预测、控制的技术难题，健全市场消纳机制和调度保底机制，切实保障能源清洁低碳发展。

1. 深耕清洁能源并网技术，促进源网协调发展

陕武直流投运后，新能源和直流的交互影响给电网安全带来了诸多问题，受新能源电压支撑能力差影响，存在新能源大规模脱网风险；为避免新能源大规模脱网，必须严格控制新能源出力以降低电压波动，使得直流近区新能源发电受限；受直流故障后电压波动加剧，直流外送能力受限；陕北至关中送电能力受直流故障影响较大，极端情况下降 200 万 kW。为解决上述问题，陕西省调超前筹划认真分析，开展直流近区新能源耐压能力和暂态性能综合优化提升工作。① 开展了新能源涉网性能参数专题研究工作；② 搭建半实物仿真系统，通过外部无功小扰动测试、高低电压穿越测试、连续故障穿越测试、宽频振荡阻抗扫描等试验完善新能源涉网参数控制策略；③ 通过实施涉网改造全流程管理，根据不断更新的新能源机组性能，持续不间断地开展陕北电网稳定计算，并根据计算结果及时调整陕北稳定限额，基本做到了以月为单位滚动修订陕北稳定限额。截至 2023 年 8 月底，直流近区耐压能力改造及测试已完成 969.8 万 kW，暂态参数优化已完成改造及测试 660.5 万 kW，占比分别为 85%、82%。待年底全部改造完成后，预计夏州供电区新能源出力限额可提升至 400 万 kW以上，暂态压升将不再成为限制新能源出力的主要因素，预计陕北至关中通道断面 1 限额将从 230 万 kW 提升至 300 万 kW 以上，实现新能源消纳、直流外送和负荷中心供电的多方共赢。

2. 精细化电力气象服务，提升新能源功率预测精度

国网陕西电力实施"气象＋"赋能行动，推动气象服务深度融入电力生产环节，强化电力气象灾害预报预警，做好电网安全运行和电力调度精细化气象服务，不断提升可再生能源资源评估和功率预测水平。一方面，建立调控主站集中式功率预测系统，实现多源协同功率预测纠偏管理。持续深化与南瑞电力

气象服务中心合作深度，持续优化国网陕西电力气象日报机制。实现主站集中功率预测系统上线运行，高可信高频度的数值气象预报为新能源主站功率预测提供了有效的气象基础，有力提升预测准确率，延展了网格化数据天气预报数据应用场景，提升省域内气象实况及 3km 见方区域未来 10 天气象预报的常态化应用水平。依托直观的风、光资源以及汉江流域降雨可视化展示，全面支撑新能源功率预测人工干预机制。助力清洁能源高效消纳以及电网电力保供。常态化开展基于数值气象预报的集中式新能源功率预测与场站端功率预测数据比对，分析不同气象条件下两种预测数据的特点，以提升整体预测准确性为目标，开展"多源"协同优化，力主通过协同优化实现功率预测数据的准确性提升。

另一方面，为应对新能源装机集中区域发生寒潮、沙尘等恶劣天气，导致新能源大幅减发，实际出力曲线严重偏离日前预测，影响电网实时平衡能力，陕西电力积极破局，创新建立极端天气影响调控主站干预管理模式，编制下发《国网陕西电力调度控制中心关于开展极端天气过程新能源功率预测管理提升工作方案》，协调省气象服务中心、主流功率预测厂家、各直调新能源发电企业，建立极端天气功率预测人工干预管理流程，开展功率预测系统极端天气辨识功能升级改造，完善极端天气信息报送管理体系。调控主站干预功率预测工作开展以来，高峰负荷时段功率预测负偏天数从 12 天/月下降至 3 天/月，新能源功率预测均方根准确率提升 3.2 个百分点，对电力保供的支撑能力显著提升。

3. 统筹调度实时协同，提高电网侧消纳能力

随着清洁能源大规模并网，原省调集中控制模式的系统运行维护压力不断增加，且省调 D5000 系统中 110kV 及以下电压等级设备建模不完整，不能有效兼顾低电压等级薄弱网架约束，低电压等级并网场站下放地调控制的需求逐步增强，迫切需要开发满足陕西电网实际运行需求的省地协同新能源运行监视与自动控制系统。为提高协调效能，实现多级调度一体化运转，国网陕西电力充分发挥电网的关键平台作用，在原网、省两级协调智能控制系统的基础上，将协同控制机制进一步拓展到地区调度系统，通过省地协同运行与监视控制系统，建立高效可靠的省地协同数据交互机制，根据全省平衡情况及 330kV 及以上电压等级电网安全约束开展省地协调控制，并基于上述协同机制，设计研发地区新能源运行监视与控制系统，可实现省地协同和地区控制两种方式，并进一步完善陕西省调调度端新能源运行监视与控制相关应用功能，支持将地调新能源控制区作为虚拟机组接入，从而实现全省统一协调运行的监视与控制功能。

9.4.5　电网数智转型提升调度运行管理

调度运行管理转向"多目标"，调度技术手段需要"新突破"。需要统筹生产组织、运行控制、发输电计划、新能源运行、市场运作等各项工作，同时完成安全保障、电力供应、清洁低碳、提质增效等多维目标任务，需要完善专业理论体系，提高统筹协调能力。新型电力系统的调度对象呈几何级快速增长，高度离散性和不确定性对技术支撑能力提出了新的要求，亟需运用先进技术提升电网驾驭能力。

1. 深化主网一体化运作，提升电网运行质效

在国家能源清洁发展战略、特高压快速发展和电力技术进步的共同推动下，电网平衡格局已从就地向全网一体化转型，电网运行的整体性进一步增强。在"一份计划"基础上，优化再造适应市场化要求的各级调度业务协同流程，提升纵向贯通水平；在"事前预控、实时调整、事后评估"的专业协同基础上，构建适应市场化要求的电网运行组织全链条管理体系，提升各专业横向协同水平。陕西省调强化大电网运行方式统筹，通过完善机制规则和技术手段，提高停电计划编制的科学性和规范性，避免人为因素影响市场交易结果。强化发输电计划和停电计划统筹，充分利用市场化手段提升电网设备利用水平。采用多周期层层递进、滚动迭代的方式，提升运行控制措施对方式变化的适应能力和对电网的保障能力，提高系统经济运行水平。省地协同多措并举严控停电计划风险，2022 年批复执行检修单 1603 份，发布六级以上电网风险预警通知单 104 份，闭环制定执行管控措施 900 余项，降控 330kV 神郝、神郡线同停、朔郡线、洋义线等停电三级电网风险 2 项、四级电网风险 1 项，推动关中北部环网解环、乾县变开关增容改造、杨伙盘 750kV 送出等工程投产达效，750kV 乾县、泾渭供电区首次解环，提升保供能力 100 万 kW。

2. 强化省地运行方式统筹管理，提升电力保供质效

国网陕西电力不断强化省地调度联合计算分析和风险统筹决策，提升跨地区电网供电能力。根据电网的耦合关系，统筹制定 110kV 及以上关键设备的控制措施。强化分省地三级协同的稳定限额滚动更新工作体系，采用多周期层层递进、滚动迭代的方式，进一步提高运行控制措施对方式变化的适应能力和对电网的保障能力，持续深化省地稳定管理协同，解决过渡时期的电网安全问题。西安北部地区 750kV 泾渭供电区、东南部地区 750kV 信义供电区存在电网 $N-2$ 约束，当双回线发生同跳故障后，运行线路严重过载。受制于"330kV 泾玄双

回＋泾奥（/奥北）双回＋泾北 3""330kV 信咸双回＋渭东＋渭代＋信上＋信美"供电断面的安全约束，迎峰度夏大负荷时期，西安北部及东南部地区电网无法满足电力保供需求，存在大量限电的风险。为解决上述突出问题，提升西安地区电网的供电能力，国网陕西电力研究制定 2023 年度"大反措"，省地两级调度系统科学制定稳控策略及改造技术方案，优化实施方案，在迎峰度夏前夕投运 12 套 330kV、5 套 110kV 稳控装置，安全顺利地完成了西安北部及东南部地区两项稳控系统升级，制约 750kV 泾渭供电区、信义供电区的 $N-2$ 断面送电能力分别提升 56 万、54 万 kW，有力地保障了西安电网平稳度过 1155 万 kW 的夏季最大负荷。

3. 筑牢数字电网底座，赋能调度数智转型

陕西省调以调度生产运行过程中的新能源消纳、电力保供监视、电网安全运行场景为着眼点，以技术驱动有效支撑调度管理，立足调控业务实际需求，以减轻基层一线负担、提升专业管理水平、提高工作效率为目的打造"掌上调度"数字化平台。以内网业务系统、外网移动终端的"双门户"架构为基础，通过"掌上调度"移动平台与调控云平台、调度技术支持系统对接，聚焦数字化赋能，实现数据融会贯通。平台围绕能源消纳、电力保供、电网安全运行监视等典型场景，以应用促建设，以建设促优化，以优化促完善，推进业务场景的不断深化应用。实现电网数据随时查询、随时办理、随时发布、随时应用"四随"功能，确保数据对外出口时间精准、口径精准、对象精准"三精准"，部署新能源并网项目管理、电网运行实时监测等多个场景应用，为陕西电力调控中心数据管理工作提供全面高效的数字化保障，从而加快推进调控领域的数字化转型。通过潮流地图、电网总览、负荷分析、燃煤库存分析、可视化配置功能等手段实现电力保供数据可视化，使管理人员能够便捷直观地了解数据情况，包括当前供需平衡、电力需求和变化、电力供应和分配情况等，为调度管理人员提供了直观高效的管理手段，使调度数据管理工作具象化，对调度管理工作中的数据应用起到有效的支撑。

10 柔性智能配电网不停电技术及示范应用

10.1 柔性智能配电网关键技术

本节主要介绍了柔性智能配电网的技术简介、发展现状、关键技术、示范工程和发展展望。图 10-1 展示了柔性智能配电网技术的分支结构。

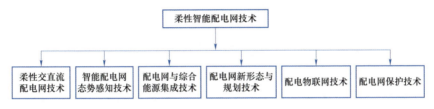

图 10-1 柔性智能配电网技术的分支结构

10.1.1 柔性交直流配电网技术

1. 技术简介

柔性交直流配电网技术面向未来配电网发展需求，以柔性电气装备为核心，可使系统有效承载清洁能源的接入与消纳，提供用户侧差异化电力服务，满足配电网与社会生产生活多领域的协调互动。柔性电气装备通过馈线层面的实时、精细功率控制，在更大的空间尺度下统筹各种柔性源、荷资源，调节和优化系统层面的潮流分布。直流配电网在输送容量、可控性及提高供电质量、减小线路损耗、隔离交直流故障以及可再生能源灵活、便捷接入等方面具有比交流更好的性能，可以有效提高电能质量、减少电力电子换流器的使用、降低电能损耗和运行成本、协调大电网与分布式电源之间的矛盾，充分发挥分布式能源的价值和效益。

2. 发展现状

"十四五"以来，新基建、新业态要求配电网柔性化发展，满足分布式能源及多元负荷"即插即用"需求，实现源网荷储高效互动。早期的配电网配电自动化水平较低，但城市、企业的高速发展以及农村城镇化建设促进了用电负荷迅速增长，供电可靠性要求越来越高，造成我国配电网规划及发展与社会各方面需求不匹配。国内天津大学、武汉大学等高校在柔性互联设备对配电网的影响及应用方面进行了深入研究。从含互联设备的柔性配电网的发展形态分析入手，分析了配电网应具备的灵活特征及柔性互联关键技术，提出了柔性互联架构下配电网规划、运行、控制方法，有效提升了系统运行灵活性。

目前，如何研发更紧凑、高效的装置结构，实现更快速、准确、灵活的控制响应是 SOP 技术长期面临的基础性问题。针对具体场景需求，考虑 SOP 技术性能、装备体积与投资成本等多因素影响，制定 SOP 拓扑设计方案成为一个复杂的优化问题。为了以更为经济的方式满足上述场景下多馈线柔性互联的需求，在双端 SOP 结构之上，进一步衍生出了端口数量可灵活配置的多端 SOP 装置。

基于 SOP 进行交直流混联的另一思路是利用 SOP 的内部直流母线实现直流储能、分布式电源、负荷等装置接入。例如，将储能装置和 SOP 进行一体化集成，可形成兼具时间与空间调度能力的智能储能软开关（E−SOP），与常规 SOP 相比能更好地应对高渗透率分布式电源的出力波动，在经济性、可持续性等多方面都具有优势。SOP 内部直流母线也可开放为配电网的对外直流接口，从而更好地支撑光伏、风机等直流分布式电源和负荷的接入；同时，通过 SOP 端口控制策略和分布式电源与储能控制策略的协调设计，可提高系统稳定性、满足分布式电源即插即用、交直流负载不间断供电等需求。

多电压等级馈线间也可以进行柔性互联。针对不同电压等级的 SOP 换流器进行拓扑设计、在 SOP 内部直流环节增加电压变换模块或在 SOP 交流端增加变压器，使其能够连接不同电压等级馈线并控制互联馈线间功率流动，实现多电压等级馈线间功率相互支撑。多电压等级柔性互联也可应用于独立供电场景，作为柔性变电站连接上下级配电网，发挥电压变换和电能灵活分配的作用。

3. 技术挑战

在实际配电网复杂运行环境中，精准的配电网络参数往往难以获取，且分布式能源高比例接入，配电网用户个体层面的信息收集愈发困难，配电系统精确的数学机理模型很难建立，且其适用性较为有限，给柔性配电系统的精细化运行调控带来新挑战。因此，充分利用多源数据集合并挖掘其蕴含的重要信息，以数据驱动为核心构建柔性配电系统自适应运行调控新模式，成为准确参数匮乏场景下解决电压越限等一系列问题的关键。随着实时量测和通信系统的发展，配电网可以获取海量多源异构的运行数据，利用不断产生的多源数据集合，充分挖掘其中蕴含的重要信息，实质性提升柔性配电系统运行控制在复杂场景下的动态自适应能力。

多电压等级直流配用电系统各类电力电子装置交互影响导致故障特征复杂,故障特征提取和识别的难度增大。故障电流快速上升时换流阀等电力电子装置在故障时表现出脆弱性。实现基于多特征量综合判别和网络化多点信息的多电压故障定位和限流技术,有助于满足直流配电系统对保护快速性与准确性的更高要求。

4. 示范工程

在工程示范与应用方面,2015 年英国在 FUN－LV 示范工程进一步建造了 400kVA 容量的三端智能软件开关(soft open point,SOP),并于 2020 年在 ANGLE－DC 项目中投运了容量 16MVA 的四端 SOP,SOP 内部直流电压 ±27kV,外部可接入 33kV 交流电网。在天津北辰柔性互联配电网示范工程中,配置了各端换流器容量均为 6MVA 的四端 SOP,构成以两个 110kV 变电站为中心的柔性双环网网架,通过产业与居民负荷用电互补提高了线路负荷均衡度。在北京延庆地区智能电网创新示范区,采用三端 SOP 作为柔性环网控制装置,使 2 个 10kV 单环网柔性闭环运行,解决了设备利用率低、供电可靠性和供电能力提升受限等问题。2018 年 9 月,全国首个智能柔性直流配电网示范工程在浙江杭州江东新城顺利通过试运行考验,经功能升级后正式投入运行,采用区域协调控制、故障快速定位及隔离保护等技术,实现多路电源同时为用户供电,可在百毫秒内快速隔离系统故障并恢复正常运行,优化了杭州电网供电能力、供电可靠性与供电质量。2018 年 12 月,迄今为止世界容量最大、电压等级最多、采用了大量自主创新关键技术的多端柔性直流配电网工程珠海唐家湾三端柔性直流配电网工程成功投运,实现了多个交流变电站的直流柔性互联和备用功率支撑,提高了系统供电可靠性,自主创新研发了多套±10kV 直流核心装备,突破了柔性直流配电网成套设计技术,成功构建了"互联网＋"智慧能源新模式。2019 年 4 月,贵州电网有限责任公司和贵州大学联合牵头完成世界首个投运的集交直流配电网、交直流微电网、分布式电源、储能装置、电动汽车充电站、需求侧管理平台等技术于一体的"智能直流配电中心"示范工程,攻克了馈线功率互济、配电网最优潮流、削峰填谷、非计划停电零秒转供等智能直流配电关键技术难题,率先实现了含五端智能直流配电中心的柔性互联配电网闭环运行、故障自愈控制、能量优化管理的技术突破。

5. 发展展望

(1)柔性配电系统的仿真模拟与分析技术涉及多种元件和组成部分,建立准确有效的配电系统数学模型是必须解决的重要问题之一,也是实现智能配电网快速仿真模拟的关键问题。

（2）配电系统运行优化技术需要通过科学合理的手段对配电系统运行状态进行有效控制与优化，包括经济目标、环境目标和可靠性目标等多个方面，需要解决多目标协调的运行优化问题。

（3）柔性配电网集中—分布协调控制技术需要设计分层分布式控制架构，在系统控制效果的最优性与计算负担间寻找最优平衡，并实现 SOP 与多类型设备的多时间尺度协同调度，高效发挥 SOP 的柔性可控能力。

（4）配电系统故障自愈控制技术基于全控型电力电子器件的柔性互联装置，能够在故障情况下快速闭锁，实现互联两侧系统之间的故障隔离，提高系统供电可靠性。

10.1.2　配电台区分布式储能技术

1. 技术简介

配电台区分布式储能是一种具备双向功率流动的分布式可调电源，具备临时重过载、电压越限治理，分布式光伏消纳和供电可靠性提升等综合能力。通过电能储存时移特性，实现配电变压器台区临时重过载治理和分布式光伏消纳；通过有功无功解耦控制及四象限运行，实现配电网末端低电压/过电压治理；通过储能变流器相间调节，实现配电网台区及末端三相不平衡治理；通过无缝切换模式，实现非计划停电下的孤岛运行，提升用户供电可靠性。台区分布式储能应用技术已成为提高低压配电网供电能力和供电可靠性的有效技术手段。

2. 发展现状

伴随着电化学储能和电力电子技术的蓬勃发展，分布式储能技术在技术、商业和模式方面已经越发成熟，近年来，随着峰谷电价差越来越大和储能政策性奖励双重利好背景，我国部分省份催生了大量工商业用户配储需求，工商业配储的经济性也逐步显现。在良好的市场预期下，众多企业相应推出了专门针对工商业的百千瓦时级储能系统。工商业储能系统功率和容量都可以灵活组合搭配，目前市场上的方舱型储能系统主要以峰谷套利模式运行，该方式按照预设峰谷时段充放电，控制策略和方式较为简单。

目前，聚焦配电网应用的分布式储能装备和规模化示范仍呈现空白，大量企业仍以用户侧储能系统作为配电网系统的应用技术，但仍存在诸多应用壁垒，难以直接实现用户侧储能等同应用于配电网的分布式储能，与此同时，部分省份的配电网台区也尝试开展了零星点分布式储能应用示范，但由于分布式储能的初期投资成本较高、投资回报较慢，均未开展规模化的建设和示范应用。

3. 技术挑战

当前配电台区分布式储能的规模化应用主要还存在以下三点挑战：① 台区储能配置及部署选点机理，如何实现台区储能的最优配置和最佳点位接入，以及台区分布式储能最高效的配置和接入；② 台区分布式储能装置本体，如何开发占地面积小，自损耗低的台区储能设备；③ 台区部署储能自适应控制，面对配电台区分布式光伏、负荷等快速发展，如何通过策略调整实现台区储能适应台区的源—荷变化。

4. 示范工程

国网陕西电力于 2024 年建成国内首例规模化配电台区分布式储能项目，通过配电台区分布式储能实现临时重过载、电压越限、分布式光伏消纳和三相不平衡治理等，有效提升配网台区柔性调节能力，助力配电网稳定、可靠和经济运行。

2021 年，国网陕西电力"两网"融合后，原地方电力部分地区网架薄弱，台区重过载和线路末端低电压问题严重影响用户用电体验，若通过常规工程改造解决以上问题需 3～5 年。随分布式光伏大规模接入，同时引发了台区反向重过载和电压越限问题。为快速解决电网安全运行和供电质量问题，国网陕西电力通过充分调研论证，采用服务租赁模式实施，以陕西综合能源公司为建设主体，地市公司支付租赁费用模式，试点开展规模化台区分布式储能的示范建设。

项目由国网陕西电力协同陕西电科院、国家电投集团能源科学技术研究院、陕西综合能源公司，于 2023 年 12 月启动分布式储能建设，2024 年 4 月竣工，完成 149 套台区分布式储能安装和并网运行。电池采用磷酸铁锂材料，通过电化学方式进行电能存储。总建设规模 14.3MW/30.6MWh，覆盖西安、咸阳、铜川、渭南 4 市 8 县。

通过建成全国最大规模的台区储能工程示范项目，实现配电台区重过载、电压越限、分布式光伏消纳和三相不平衡的治理，通过为设备增设移动属性，可实现多台区互用，避免设备闲置浪费，并基于融合终端建立管控体系，实现智能化和数据透明化。

5. 发展展望

未来配电台区分布式储能将围绕选点配置、装置开发、控制策略、数智能力和整体效益等多方面进一步开展研究。

（1）系统化明确台区储能配置选点要求，针对台区拓扑结构和节点电压分布，优化台区分布式储能的容量配置和接入点部署。

（2）积极推动台区储能装置研究，开发占地面积小、自损耗低的模块化台区分布式储能装置。

（3）加快优化台区储能控制策略，结合台区电源、负荷和分布式光伏运行情况，优化台区储能控制策略，提高台区储能的运行效力。

（4）稳步提升应用示范的数智化能力，通过台区融合终端实现台区分布式储能管控，提升融合终端深化应用能力。

（5）深度挖掘台区储能整体应用增益，通过对 153 套台区分布式储能的聚合管控，实现台区分布式储能在电力辅助服务市场的深化应用，挖掘台区分布式储能的盈利机制。

10.1.3　智能配电网态势感知技术

1. 技术简介

智能配电网态势感知技术是配电系统可靠、经济和安全运行的重要基础，是智能配电网状态可观测性提升与系统稳定运行的重要保障。配电网态势感知是指在特定时空下，对动态环境中各元素或对象的觉察、理解，以及对未来状态的预测，即所谓"索其情""知其态""循其势"。态势感知主要分为三级：一级态势感知为态势觉察，即所谓"索其情"，本质上是"数据或信息收集"，即觉察检测和获取环境中的重要线索和元素；二级态势感知为态势理解，即所谓"知其态"，本质上是通过数据分析获得认识或知识，即整合采集或觉察到的数据和信息，分析数据中的对象及其行为和对象间的相互关系，进行态势评估；三级态势感知为态势预测，即所谓"循其势"本质上是对获得知识的应用，基于对环境信息的感知和理解，预测未来的发展趋势。态势利导则是在态势感知的基础上，实现对系统朝着有利的方向的动态灵活调整和控制，即所谓"因利而制权，因势而利导"在整个过程中，态势感知和态势利导需不断动态交互。

2. 发展现状

态势感知作为一个完整词汇最早被 20 世纪 80 年代的美国空军使用。这项技术目前已在军事、航空、计算机网络安全、智能交通等方面得到了广泛应用。对于电力系统的态势感知，重点是实现对自身运行态势的感知，附带考虑外部因素的影响。态势感知的关键技术主要包括数据挖掘、数据融合等。

配电系统作为复杂的人工信息物理系统，其稳定运行离不开监视和控制。近年来，世界各国在电力系统运行控制过程中，因态势感知不足而发生的大规模停电事故日益增多。电力系统广域态势感知通过采集广域电网稳态和动态、电量和非电量信息，包括设备状态信息、电网稳态数据信息、电网动态数据信息、电网暂态故障信息、电网运行环境信息等，采用广域动态安全监测、数据挖掘、动态参数辨识、超实时仿真、可视化等手段，进行分析、理解和评估，进而对电网发展态势进行预测。态势感知技术在电力系统中的应用尚处于起步阶段。美国联邦能源管理委员会（Federal Energy Regulatory Commission，FERC）及国家标准和技术学会（National Institute of Standards and Technology，NIST）等机构已将态势感知列为智能电网优先支持的技术领域之一。

配电网作为电力系统中直接面向用户的重要一环，其重要性不言而喻。随着大量可再生能源在配电网中的接入，传统配电网成为有源配电网。为了应对有源配电网所面临的挑战和满足用户日益增长的供电质量和可靠性要求，发展智能配电网已成为共识。在智能配电网条件下，系统采集和处理的数据呈海量增长，并且受用户随机需求响应、客户多样化需求、应急减灾等因素影响，配电网运行趋于复杂多样，对配电管理的要求日趋提高。现有的配电运行态势感知体系在计算速度、安全性评估、可视化、通信网络等诸多环节上均难以满足智能配电网的发展需求。构建有效的智能配电网态势感知体系，增强对配电系统的态势感知能力已成当前的一个研究热点。通过态势感知可实现对配电网运行态势的全面准确掌控，为在态势感知基础上进行态势利导，以提高复杂配电网的调度控制水平提供了有力支撑。

3. 技术挑战

态势感知是根据配电系统分析和控制的需求合理配置量测，以获取所需要的数据。态势感知技术主要包括：提高可观测性的量测优化配置技术、PMU 优化配置及数据应用技术、高级量测体系构建技术。

现场运行数据是智能配电网态势感知的基础，量测与控制系统主要完成多元数据的采集，为态势的理解与评估、预测做准备。但是，配电网规模大、结构复杂，数据采集和监控设备的全面覆盖难以实现，配电网相较于输电网，量测严重不足。因此，对配电网而言，如何利用有限的资金投入实现最优的量测配置，以尽可能提高系统的可观性，为配电网的状态估计打下坚实的基础，就显得尤其重要。所以配电网态势感知技术的核心就是根据不同的实际需求，兼顾配电网实际运行情况，综合考虑状态估计精度、可观性、可靠性、经济性、鲁棒性和信息安全等多影响因素，实现量测和控制终端的优化配置和规划，通过多类设备的混合配置，实现量测的灵活配置和方便部署，建设强健有效的量测和控制系统。

4. 示范工程

青岛泛在电力物联网示范工程。构建了"5G+配电网运行态势感知"创新场景，在线路节点部署同步相量测量装置、高级量测单元设备，通过 5G 通信满足高频采集数据的大容量、低延时传输需求，主站侧应用态势感知模型，实现配电网运行状态由实时态数据分析向未来态预测预警转变。完成 37 台基于物联网技术的 10kV 一二次融合环网箱建设工作，同步实现融合 5G 通信、边缘计算、光差保护、智能感知技术的智能分布式馈线自动化模式，结合新一代配电自动化主站建设，提高中压配电网数据获取广度和价值挖掘深度，促进分析成果从重过载、低电压等单一维度向主动预测预警、态势智能感知等多维度转变。

5. 发展展望

目前态势感知大体上还处于学术界研究领域，其核心技术包括数据融合技术、数据挖掘技术、模式识别技术等还有待于突破，尤其是对态势预测的研究尚处于起步阶段。如何将各种态势感知技术进行整合，并与态势利导相配合，实现功能一体化是有效实施的关键。智能配电网态势感知和态势利导技术有助于实现对配电网运行态势的全面准确把握，并为复杂配电网智能调度控制提供有力支撑。

10.1.4　配电网与综合能源集成技术

1. 技术简介

为解决能源供需关系日益紧张以及全球环境不断恶化等问题，能源领域专家从开源和节流两个方向开展了大量研究，一种被寄予希望的技术就是在配电侧实现综合能源集成，也就是区域综合能源系统（integrated community energy system，ICES）。区域综合能源系统指在规划、建设和运行等过程中，通过对能源的产生、传输与分配、转换、存储、消费等环节进行有机协调与优化，形成的能源产供消一体化系统。它主要由供能网络（如供电、供气、供冷/热等网络）、能源耦合设备（如 CCHP、发电机组、锅炉、空调、热泵等）、能源存储环节（如储电、储气、储热、储冷等）、终端综合能源供用单元（如智能楼宇、微电网等）和大量终端用户共同构成。

2. 发展现状

如今全球至少有 70 余个国家先后开展了配电网与综合能源集成相关的研究。我国已通过 973、863、国家自然科学基金等研究计划，启动了众多与 ICES 相关的项目，并与英国、德国、新加坡等国共同开展了这一领域的很多合作。同时，我国还在不断尝试推动综合能源利用以及多元能源互联管理的相关研究及应用，使得 ICES 的运行优化技术受到越来越多的关注。而如何通过配电网与综合能源集成技术，实现对 ICES 内部多种能源系统及多种能源环节的协调优化及能量管理，充分挖掘和利用不同能源之间的互补替代潜力，实现各类能源从源至荷的全环节、全过程的协调优化调度，是需要解决的关键技术难点。

苏黎世联邦理工学院于 2007 年在"未来能源网络愿景"项目研究中，首次提出了能源集线器（energy hub）的概念，为综合能源系统的通用建模作出了重要贡献。energy hub 被定义为一种用于描述多能源系统中"源—网—荷"各个环节之间耦合关系的输入—输出端口模型。它通过描述输入能源和输出负荷端口的耦合矩阵，简要表示电、热、气等多种形式能源之间的转化、存储、传输等各种耦合关系，在多能源系统的规划、运行研究中发挥重要作用。energy hub 是对现有各类综合能源利用方式（如微电网、能源互联网、智能楼宇等）的一种高度的抽象化，该模型适用性强，可建模的系统包括国家级能源系统、区域级能源系统以及具体的终端用能系统和设备。

综合能源系统多能源网络互动分析与优化，通过对多能源网络和耦合元件进行详细建模，通过电力潮流计算、流体水力及热力计算等，对多能网络互动机理进行分析。目前社会各供能系统的负荷均存在明显的峰谷交错现象，在传统社会供用能系统的规划和设计中，电力系统、燃气系统和热力系统一般是分别进行处理，各能源系统只能按各自高峰负荷来设计，由此导致了设备利用率低下及规划方案不经济的问题。而这一问题可通过各能源系统间有机协调及集成规划得以有效解决。

3. 技术挑战

ICES 的规划是一个十分复杂的多目标、多约束、非线性的混合整数优化问题，本质上属于多项式复杂程度非确定性（non-deterministic polynomial，NP）问题，具有巨大的挑战，具体体现在以下方面：① 以往各能源（如电力、燃气、供热等）系统的单独规划仅着眼于局部利益，而 ICES 规划涉及诸多部门，彼此之间存在复杂的相互耦合关系，规划方案在寻求整体目标优化的同时还需兼顾各方不同的利益诉求，需在全局与局部优化间寻找平衡。② ICES 源侧涉及高比例接入的间歇性新能源，荷侧存在特性差异大且随机性强的综合用能负荷，在规划过程中需综合考虑这些广泛存在的不确定性所造成的影响；同时在进行规划方案优选时，还需综合考虑经济性、安全性、可靠性、灵活性、可持续性、环境友好性等诸多因素的影响，其中很多因素因涉及社会、经济、政策等主客观因素，进一步增加了方案的不确定性。③ ICES 涉及的投资主体多且投资体量大小差异明显，投资主体的不确定性会导致系统投资运营的模式更为复杂多变。

ICES 运行优化的过程实际就是一个能源综合调度的过程，旨在充分挖掘各环节的可调度潜力，提高能源综合利用率。而由于 ICES 涉及特性各异的多种能源形式和能源环节，既包含易于控制的能源环节，也包含具有间歇性和随机性的能源环节，其运行优化涉及的目标函数和约束条件更为复杂。而高比例新能源及海量分布式资源的接入，使得 ICES 源荷侧的随机性进一步增加，对综合能源系统的优化运行提出了更高要求。

4. 示范工程

（1）国网客服中心综合能源示范工程项目。

国网客服中心分为北区和南区，整个园区面积为 102 万米 ^{2}，其中北方园区以电能为唯一外部能源，依托绿色复合能源网运行调控平台，实现对园区冷、热、电、热水的综合分析、统一调度和优化管理。绿色复合能源网运行调控平台主要包括光伏发电系统、地源热泵、储能微电网、冰蓄冷、太阳能空调、太阳能热水、蓄热式电锅炉 7 个子系统。自 2020 年投运以来，运行效果良好。整个北方园区能效比为 4.5，可再生能源占比约 40%。按目前该区能源系统试运行数据计算，每年累计节约电量约 1100.2 万 kWh，年节约电费共计 987.7 万元；从环境效益看，运行一年节约能源约 3531t 标准煤，减排二氧化碳约 1 万 t，二氧化硫约 73t，氮氧化物约 40t。

（2）浙江海岛"绿氢"综合能源示范工程。

国家电网浙江台州大陈岛氢能综合利用示范工程为探索海岛地区可再生能源制氢储能、氢能多元耦合与高效利用提供了可借鉴推广的示范样板。"绿氢"是指利用可再生能源分解水得到的氢气，其制备过程中不产生二氧化碳排放。该工程利用大陈岛丰富的风电，通过质子交换膜技术电解水制备"绿氢"，构建了"制氢—储氢—燃料电池"热电联供系统，有效促进了海岛清洁能源消纳与电网潮流优化。该工程投运后，预计每年可消纳岛上富余风电 36.5 万 kWh，产出氢气 7.3 万标方，这些氢气可发电约 10 万 kWh，减少二氧化碳排放 73t。与此同时，作为电解水制氢的副产品，高纯度氧气将服务于当地渔民的大黄鱼养殖。燃料电池发电时产生的热量通过热回收，将为岛上民宿、酒店提供热水。未来，岛上的新能源旅游观光车也将用上氢能供电的充电桩。

5. 发展展望

综合能源系统的发展离不开科技创新和政策支持。在技术方面，需要加强各种能源技术的研究和开发，包括但不限于清洁能源、能源转换和存储技术、智能能源管理和控制技术等。此外，需要建立统一的能源数据标准和共享平台，提高能源数据采集、传输和处理的效率和准确性。

在政策方面，需要制定相关政策法规，建立配套的经济激励机制，推动综合能源系统的建设和运行。政策支持可以包括但不限于鼓励新能源发电、加大能源效率提升力度、提供财政补贴、鼓励民间投资、推动产业升级等方面。

最后，需要加强国际合作，共同推进全球能源转型和碳减排，分享技术和经验，加强政策对话和合作，形成全球能源治理的合力。

10.1.5　配电网新形态与规划技术

1. 技术简介

配电网形态指配电网的组成和结构，反映了配电网各组成成分之间的联系和相互作用，是配电网特征的外在表现形式。传统配电系统呈现闭环设计、开环运行的突出特点，通过单电源辐射型网络满足大量用户的供电需求，强调用户的覆盖广度和满足用户"用上电"的需求。随着分布式电源的发展和电力电子、通信技术的进步，微电网、中压闭环网络结构等新型结构开始试点示范，用户侧个性化、差异化用能需求得到满足，此阶段强调用户的供电质量和满足用户"用好电"的需求。未来，配电网应具有主动配电网的特征，包括分布式发电、主动负荷和储能等多个要素，并与信息通信技术深度融合，为源网荷储协调互动、多能互补提供支撑平台。

在建设新型电力系统的背景下，柔性智能配电网的规划需要考虑负荷与可再生能源发电的时序特性，规划对象不仅包括变电站与线路，还涉及可再生能源发电、储能电池、电动汽车充电站等新型源荷。除此之外，新型电力系统具有高度电力电子化特征，体现在配电网中主要是柔性智能软开关替代了联络开关。智能软开关优化配置也是柔性智能配电网的规划任务之一。

2. 发展现状

经过持续的配电网改造，我国配电网供电能力、供电质量均得到有效提升，总体上呈现以下特点：

（1）供电能力总体充裕，但存在局部发展不充分、不平衡的问题；部分线路不满足 $N-1$ 要求，转供能力需要进一步提升。

（2）城乡地区差异较大。城市配电网基本上能够实现互相联络、互相备用，供电可靠性较高；乡村中压配电网以辐射型为主，联络率较低，转供能力仍需增强。

（3）新能源和多元化负荷发展迅速。近几年配电网分布式电源和电动汽车、储能、电采暖等多元化负荷快速发展，给配电网安全稳定运行带来重大挑战。

（4）配电系统智能化需求进一步提升。在信息物理融合的背景下，配电系统可观可测可控需求进一步提升，亟需大数据、人工智能等新兴技术在配电系统中深化应用。

在变电站选址定容方面，现有的研究多基于加权 Voronoi 图实现，开展了考虑可再生能源发电置信容量的变电站规划、考虑可再生能源发电渗透率变化的多阶段变电站规划等研究。在线路布局方面，网格化规划思路主要是，结合行政区属、地形地貌和负荷空间分布等情况进行网格单元划分，然后对各个网格单元进行独立布线，以满足降低规划求解维度、提高接线标准化与网架结构清晰性等方面的需求。

一方面，在可再生能源发电和电动汽车等新型源荷大规模接入的背景下，配电网规划需要充分考虑源荷时序特性与运行手段的作用，这已基本成为业界专家学者的共识。另一方面，新型源荷为配电网带来了强不确定性。在考虑源荷不确定性的配电网规划方面，现有研究可分为场景法、区间优化、随机优化、鲁棒优化和分布鲁棒优化等方法。其中，分布鲁棒优化方法结合了随机优化与鲁棒优化的优点，目前开展了较多相关研究。

3. 技术挑战

配电网将从当前由上级电网获得电能然后实现电能分配，逐渐转变为"源—网—荷—储"灵活高效互动的形态，给用户提供更加经济、绿色和可靠的电力供应。配电网的新形态面临以下挑战：

（1）分布式电源大量接入，配电网成为多源网络。新能源机组出力的随机性显著，网络潮流由传统的单向转变为双向，甚至频繁转变潮流方向，给配电系统运行与规划带来挑战。

（2）电力电子类负荷占比越来越高，停电事故会造成严重损失，电力用户对供电可靠性的要求日益提高，要求配电系统网架结构由传统的辐射式向多联络多电源的复杂模式转变。

（3）配电系统的运行需要负荷侧需求响应提供一定支撑。负荷侧电采暖、空调等季节性负荷逐渐增加，随着需求侧响应等技术的发展和市场机制的完善，负荷侧调控潜力将逐步释放。

（4）分布式电源、储能、软开关、交直流互联等电力电子设备逐步增多，需要制定灵活的控制策略，才能实现配电系统的柔性运行。

柔性智能配电网规划主要解决计及多场景源网荷储多要素协同的可再生能源高渗透率配电系统综合优化规划问题。解决这一问题所涉及的关键技术包括：① 分布式电源、储能、电动汽车充换电设施、需求响应等的接入位置和容量的多层面优化配置；② 交流骨干网架、新型闭式环网、直流配电网等多种复杂网络环节及智能开关设备布局的"源—网—荷"综合规划；③ 配电网一次系统与配电自动化、通信和配电管理系统等二次系统的协同规划；④ 计及多场景优化运行仿真的配电网的规划方案评估校核。

4. 示范工程

天津东丽电力公司的光伏装机容量约 40MW，东丽公司已经获得了整区屋顶分布式光伏开发试点工作，规划总装机容量 38.5MW，两年内完成，建成后年发电量 3756 万 kWh；空港机场区域内有变电站 10 座、热电厂 2 座，垃圾电厂 2 座，已经建成充电桩 0.9km 服务圈。"十四五"期间，东丽公司将重点打造空港三期区域，已完成"十四五"配电网规划和园区专项规划，融入和完善了多能源应用的规划，具备开展储能建设的试点，未来将把空港三期打造成为多能源应用"双碳"示范区域。

苏州主动配电网示范创新项目在环金鸡湖、苏虹路工业区、2.5 产业园三个区域进行 5 个项目建设，分别为：基于柔性直流互联的交直流混合主动配电网技术应用示范、基于"即插即用"技术的主动配电网应用示范、苏州工业园区高可靠性配电网应用示范、苏州工业园区配电网高电能质量应用示范、主动配电网网源荷（储）协调控制技术应用示范。

5. 发展展望

配电网的未来发展需要适应能源转型、环境污染等挑战。综合能源集成和配电网绿色低碳、可持续、高质量发展是实现"双碳"目标的新途径。但在体制、规划、建设、运行和管理等方面仍存在独立性和体制壁垒。未来需要打破体制壁垒，建立综合能源市场和管理服务机制，促进多种能源的高效转换、综合管理和协调利用。同时，综合能源系统具有复杂性和多样性，需要科学评价和协同优化设计，解决低惯量、强随机、多主体的挑战。未来配电网将呈现大量分布式电源、交直流混合的复杂结构、需求响应的互动化负荷和多类型储能等新形态，需要精细化规划和信息系统支持。

10.1.6　配电物联网技术

1. 技术简介

配电物联网是泛在电力物联网在配电领域中的应用体现，是传统电力工业技术与物联网技术深度融合产生的一种新型电力网络运行形态，通过赋予配电网设备灵敏准确的感知能力及设备间互联、互通、互操作功能，构建基于软件定义的高度灵活和分布式智能协作的配电网络体系，实现对配电网的全面感知、数据融合和智能应用，满足配电网精益化管理需求，支撑能源互联网快速发展，是新一代电力系统中配电网的运行形式和体现。

配电物联网承担感知可视配电网状态、物联管控配电网设备、开放配电网服务能力、共享配电网数据的功能，实现对内支撑电网运行、客户服务、企业运营等业务，对外支撑资源商业运营、能源金融、综合能源服务、虚拟电厂等业务。

因此配电物联网可服务于产业链现代化，主要表现在以下三个方面：① 构建合作共赢能源新生态，以电为中心向电力生产和消费两端延伸价值链，有效汇聚各类资源，创新引领能源服务业务业态；② 激活上下游企业发展新动能，促进产业链上下游企业之间供需精准对接和优势互补，培育新业务、新模式，为上下游企业创造更大发展机遇、挖掘更广阔市场空间；③ 促进上下游产业链转型升级，通过打造电工装备智慧物联，将电工装备企业及其设备有机连接，将电能表检测数据、设备运行缺陷数据及时反馈到招标采购和生产制造环节，从源头提升设备采购和生产质量，服务供应商设备产品质量提升，助力电工装备企业产能升级、高效发展。

配电物联网系统架构可划分为"云—管—边—端"四大核心层级，"云"是对传统信息系统架构和组织方式进行创新的云主站；"管"是为"云""边""端"数据提供数据传输的通道；"边"是一种靠近物或数据源头处于网络边缘的分布式智能代理，拓展了"云"收集和管理数据的范围和能力；"端"是状态感知和执行控制主体终端单元。

2. 发展现状

新一轮能源革命正在全球范围内深入发展，电网作为连接能源生产和消费、输送和转换的枢纽，处于能源革命的中心环节，需要充分发挥基础和核心作用。新能源、分布式发电、智能微电网等产业快速发展，以及电动汽车、智能家电等多样化用电需求的增长，配电网的网络形态、功能作用正在逐步转变，呈现出愈加复杂的"多源性"特征，传统的配电网发展模式，已不适应新时代配电网发展需要。

物联网技术持续创新并与配电网不断融合，推动配电网向数字化、网络化、智能化发展。随着物联网应用速度的加快，物联网网络基础设施迅速完善，互联效率不断提升；物联网平台迅速增长，服务支撑能力迅速提升；边缘计算、人工智能等新技术赋能物联网，也为配电网带来新的活力，客观上作为使能技术将带动配电网相关产业的升级和转型。

配电物联网可实现配电网运行、状态及管理全过程的全景全息感知、互联互通及数据智能应用，支撑配电网的数字化运维。当前配电物联网的发展主要面对以下问题与挑战。

（1）配电物联网与客户互动性不足。随着社会经济飞速发展，客户对电力

在于快速、准确地辨识并隔离故障，从而保障健全网络的安全运行和可靠故障穿越。从故障发展过程和理论技术层面而言，配电网继电保护的核心技术主要包括故障特性分析、故障区段辨识和故障隔离等。故障特性分析是指对配电网故障以后电压、电流的响应特性进行理论分析计算，这是继电保护原理、定值整定的核心理论基础。目前，电力系统故障分析认为同步机电源在故障以后具有强惯性，极端电压保持恒定，因此可利用线性叠加原理和对称分量法对故障以后的配电网进行数学等值（正负零序网络），并据此对各相故障电流、电压进行理论求解。

2. 发展现状

在新型电力系统发展背景下，分布式可再生能源、储能、新型负荷大量接入配电网，使得配电网从现有的单向潮流供电方式向双向潮流供电方式转变。同时，大量电力电子设备的接入使得配电网故障特性具有显著的非线性特征，传统以同步机电源为根本、以线性叠加原理为理论基础的故障分析方法和继电保护原理适应性受到严峻挑战。目前，国内外研究人员对高比例新能源接入、高度电力电子化特征的配电网故障分析与继电保护技术已经开展了一定的研究。

针对配电网的阶段式过电流保护，研究了分布式光伏对配电网馈线保护采用三段式电流保护，即电流速断保护、限时电流速断保护和定时限过流保护的影响。基于故障后保护区段两端正序电流相角的变化特征，提出了基于故障电流相位变化的过电流保护方案，并讨论了具体实现技术。提出了基于本地信息的自适应速断保护方案，该方案重新定义和整定了现有自适应电流速断保护的参数，可根据系统的运行情况和逆变类 DG 的出力情况自适应地调整定值。分析了不同故障条件下，线路上各检测点正序电压、电流关系，提出了适用于含逆变类 DG 配电网的自适应正序电流速断保护方案。

针对配电网的纵联保护，大规模、高渗透率的分布式光伏接入使电网物理形态和运行基础发生了显著变化，将会影响配电网故障后的潮流和电压分布，已有专家学者开始进行配电网双端量保护研究。现有的配电网保护多以分布式 FA（馈线自动化）功能来进行故障定位和隔离，通信主要依赖专用光纤通道、230MHz/1.8GHz 电力无线专网等通信技术承载实现，相关文献论证了公网 4G 网络应用于配电网保护的可行性，相关研究提出基于 4G/5G 无线通信的智能分布式 FA 技术，利用无线通道传输开关量信息实现故障隔离，鲜有配电网场景下利用不同通道传输线路两端对故障电流的方向判别逻辑信号构成的纵联方向保护研究。分布式电源输出电流受控制策略影响，与保护安装处电压夹角不再只与线路阻抗角有关，且光伏电源侧和系统电源侧的电流电压分布特点均不相同，所以传统纵联方向保护不再适用。

3. 技术挑战

分布式可再生能源、储能、新型负荷等电力电子设备大量接入配电网，传统基于线性叠加原理的故障分析方法难以使用。必须研究计及电力电子设备控制非线性响应的故障特性分析方法。高比例分布式光伏接入下传统配电网保护动作性能受到严峻挑战，亟需研究适应高比例分布式光伏接入的交流配电网保护新原理。柔性直流配电网在可再生能源接入、直流负荷供电等方面优势突出，是新型配电网发展的重要形态之一。但是，有别于交流配电网，柔性直流配电网阻尼小、故障发展速度快、冲击危害大，对故障保护、限流与隔离等技术提出了更为苛刻的技术要求。

4. 示范工程

（1）集中式保护技术。

高比例可再生能源配电网是新能源高效利用和配电网发展的必然趋势。在我国浙江温州南麂岛海岛独立微电网示范工程、珠海东澳岛微网配电网一体化示范工程等配电网示范工程中，天津大学与许继集团有限公司合作研发的新型保护控制装置及 IDP-831 柱上智能配电终端、IDP-821 配电网保护测控装置、IDP-801 配电网集中式保护装置、MEMS-8000 微电网能量管理系统等在上述工程中得到实际应用，实现了高比例可再生能源的并网发电、配电系统的故障保护与自愈。

（2）直流配电网故障保护与快速隔离技术。

柔性直流配电网基于 IGBT 等全控型电力电子器件装备，将交流配电网潮流"自然分布"转变为"灵活可控"，将分布式新能源"被动并网"转变为"主动消纳"，实现各类电源和负荷的灵活接入与高效运行，是电网变革性发展方向。近年来，我国先后建成投运了包括杭州大江东柔性直流配电网、天津北辰八端口柔性交直流混合配电网、江苏同里多端柔性直流配电网等典型示范工程。上述工程中，对包括直流线路超高速保护、自清除换流器、直流断路器等在内的直流保护与故障处理一二次设备进行了示范应用，对相关技术的性能进行了全面测试与验证。

5. 发展展望

在新型电力系统的发展背景下，配电网源网荷特征发生本质转变，需要对故障特性和保护需求进行重新思考。新型配电网具有高度电力电子化特征，传统故障分析方法难以精确计算新型配电网故障响应特性。因此，研究电力电子设备控制非线性响应进行数学等值,对配电网故障响应特性进行精确解析计算,以及针对交直流配电网不同位置故障特性研究基于暂态、时域信息的保护原理,将是继电保护技术研究的重要基础理论。同时, 柔性交直流混合配电网下需要解决的"卡脖子"技术包括交流侧保护消除对电源特性的依赖、直流侧保护实现超高速精准动作。最后, 直流断路器、直流限流器等核心技术与装备是未来配电网故障处理一次设备方面需要解决的关键问题。

10.2 配电网不停电技术及应用

我国配电作业是以停电作业为主、不停电作业为辅。供电企业开展不停电作业,可以避免配电设备因检修等工作导致的停电,大幅提高供电可靠性,在增加供电量的同时为企业增加经济效益,创造更多的社会效益。因此,开展不停电作业对于提高配电网的供电可靠性水平具有重要意义。

本节首先对不停电作业技术进行了概述;其次依次介绍了电缆网不停电作业技术面临的困难及其解决方案、电缆不停电作业原理,以及旁路布缆车、旁路配变车的功能特点;最后,还介绍了电缆网不停电作业技术的应用情况。

10.2.1 配电不停电作业技术发展概述

1. 配电线路技术发展

电能是现代工农业、交通运输、科学技术、国防建设和人民生活等方面的主要能源。由发电厂、输配电线路、变电设备、配电设备和用电设备等组成的有机联系的总体,称为电力系统。发电厂生产的电能,除一小部分供给本工厂用电(厂用电)外,要经过升压变压器将电压升高,由高压输电线路输送至距离较远的用户中心,然后经降压变电站降压,由配电网络分配给用户,如图 10-2 所示。

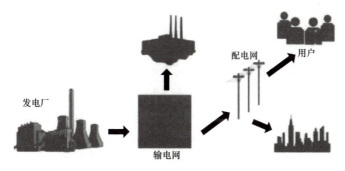

图 10-2 电力系统

配电网络是电力系统的一个重要组成部分，按照配电网电压等级的不同，可以分为高压配电网（110kV、35kV）、中压配电网（20kV、10kV、6kV、3kV）和低压配电网（220V、380V）；按供电地域特点的不同可以分为城市配电网和农村配电网；按配电线路不同，可以分为架空配电网、电缆配电网以及架空电缆混合配电网。

架空配电线路（简称架空线路）沿空中走廊架设，需要杆塔支持，每条线路的分段点设置单台开关（多为柱上）。为了有效地利用架空走廊，在城市市区主要采用同杆并架方式，有双回同杆并架、四回同杆并架；也有 10kV、380V 上下排同杆并架。中压架空线路最常见的有放射式和环网式两类。低压架空线路也采用树枝状放射式供电。城市及近郊区中压配电线路一般采用放射式环网架设，与其他变电站线路或与本变电站其他电源线路联络，提高供电可靠性及运行灵活性。架空配电线路的构成元件主要有导线、绝缘子、杆塔、拉线、基础、横担金具等，还包括在架空配电线路上安装的附属电气设备，如变压器、断路器、隔离开关、跌落式熔断器等。

与电缆配电线路（简称电缆线路）相比，架空配电线路的优点是成本低、投资少、施工周期短、易维护与检修、容易查找故障。缺点是占用空中走廊、影响城市美观、容易受自然灾害（风、雨、雪、盐、树、鸟）和人为因素（外力撞杆、风筝、抛物等）破坏。

依据城市规划，高负荷密度地区、繁华地区、供电可靠性要求较高地区、住宅小区、市容环境有特殊要求的地区、街道狭窄架空线路走廊难以解决的地区应采用电缆线路。

电缆的敷设主要有以下方式：

（1）直埋敷设方式：用于电缆条数较少时。

（2）隧道敷设方式：用于变电站出线段及重要市区街道、电缆条数多或多种电压等级电缆并行以及市政建设统一考虑的地段。

（3）排管敷设方式：主要用于机动车辆通道。

（4）其他敷设方式：如架空及桥梁架构敷设、水下敷设等。

与架空线路相比，电缆线路具有安全可靠、运行过程中受自然气象条件和周围环境影响较轻、寿命长、对外界环境的影响小、同一通道可以容纳多根电缆、供电能力强等优点。但也有自身和建设成本高（与架空线路相比投资成倍增长）、施工周期长、电缆发生故障时因故障点查找困难而导致修复时间长等缺点。

2. 配电不停电作业概况

配电设备的施工或检修一般有两种作业方式，即停电作业和不停电作业。不停电作业方式即采用不停电技术对用户进行电力线路或设备测试、维修和施工的作业方式。

不停电作业方式主要分为两种：一种是直接在带电的线路或设备上作业，即带电作业；另一种是先对用户采用旁路或移动电源等方法连续供电，再将线路或设备停电进行作业，如电缆不停电作业。

配电不停电作业是指工作人员接触带电部分的作业或工作人员用操作工具、设备或装置在不停电作业区域的作业，工作内容主要包括在配电线路设备近旁采用操作杆、测量杆进行的作业；在配电设备近旁，将带电部分绝缘隔离，使用绝缘斗臂车、绝缘平台等与地电位隔离，采用绝缘手套进行的直接作业。

目前，配电不停电作业主要包括四大类 30 多个架空线路不停电作业项目以及电缆不停电作业项目，广泛开展于配电架空线路和电缆线路的检修作业中，为配电网提供业扩搭火、故障抢修、配合技改等多种服务，对配电网供电可靠性作出了巨大贡献。

3. 配电电缆不停电作业方法

配电电缆不停电作业按作业方式可分为旁路作业法和移动电源法。

（1）旁路作业法。旁路作业法是指应用旁路电缆（线路）、旁路开关等临时载流的旁路线路和设备，将需要停电的运行线路或设备（如线路、断路器、变压器等）转由旁路线路或设备替代进行，再对原来的线路或设备进行停电检修、更换，作业完成后再恢复正常接线的供电方式，最后拆除旁路线路或设备，实现整个过程对用户不停电的作业。旁路作业法是在常规不停电作业中注入新的理念，它是将若干个常规不停电作业项目有机组合起来，实现"不停电作业"。

（2）移动电源法。移动电源法是指将需要检修的线路或设备从电网中分离出来，利用移动电源形成独立网而对用户持续供电，作业完成后再恢复正常接线的供电方式，最后拆除移动电源，实现整个过程对用户少停电或者不停电。这是移动电源法的基本思路，移动电源可以是移动发电车、应急电源车或者移动箱式变压器等。

4. 不停电作业技术的发展方向

近些年，城市配电网快速发展，旁路作业和移动电源作业技术得到广泛应用。某些类型的作业，如变压器的调换、迁移杆线等，在不能采用直接带电作业的情况下，先采用旁路或者引入移动电源等方法对配电网线路及设备进行临时供电，再将工作区域的线路进行停电后作业，实现对用户保持持续供电。这样，电网作业方式就从停电作业向以停电作业为主、不停电作业为辅进一步向不停电作业的方式转变，这将是电网技术的一场新变革，必将进一步提高电网供电可靠性。

10.2.2 配电不停电作业电流和电场的防护

在配电不停电作业过程中，电对人体的影响主要有两种：① 在人体的不同部位同时接触了有电位差（如相与相之间或相对地之间）的带电体时而产生电流的危害；② 人体在带电体附近但未接触带电体，因空间电场的静电感应而引起人体感觉有类似风吹、针刺等不舒服感。

1. 电流对人体的影响

触电时，人体受害程度取决于通过人体的电流即电击。电击一般分为稳态电击和暂态电击。暂态电击电流的持续时间较长。表 10-1 列出了在稳态电击下人体表现的特征。

表 10-1　　　　　　　　稳态电击下人体表现的特征

电流/mA	50~60Hz 交流电	直流电
0.6~1.5	手指开始感觉麻	没有感觉
2~3	手指感觉强烈麻	没有感觉
5~7	手指感觉肌肉痉挛	感到灼伤和刺痛
8~10	手指关节和手掌感觉痛，手已难于脱离电源，但仍能摆脱	灼热增加
20~25	手指感觉剧痛，迅速麻痹，不能摆脱电源，呼吸困难	灼热更增，手的肌肉开始痉挛
50~80	呼吸麻痹，心房开始震颤	强烈灼痛，手的肌肉痉挛，呼吸困难
90~100	呼吸麻痹，持续 3s 或更长时间后心脏麻痹或心房停止跳动	呼吸麻痹

当不同数值电流作用到人体的神经系统时，由于神经系统对电流的敏感性很强，人体将表现出不同的反应特征。并且与直流电相比，交流电流对人体的危害更严重。触电伤害的程度与以下因素有关。

（1）电流大小。电流是触电伤害的直接因素，电流越大，伤害越严重。一般通过人体的交流电流（50Hz）超过 10mA（男性约 13.7mA、女性约 10.6mA），直流电流超过 50mA 时，触电人就不容易自己脱离电源了。

（2）电压高低。随着作用于人体的电压增高，可能造成人体皮肤的首先击穿，人体电阻会急剧下降，使通过人体的电流大为增加，所以电压越高越危险。

（3）人体电阻。人体电阻主要决定于皮肤的角质层。皮肤完好、干燥，电阻大，如果皮肤破损或大量出汗时受到电击，人体电阻会显著降低，电流急剧增大。

（4）电流通过人体的途径。电流通过人体的路径不同，使人体出现的生理反应及对人体的伤害程度不同。触电时电流流经人体的途径见表 10-2。左手至脚的电流途径，由于流经心脏的电流与通过人体总电流的比例最大，因而是最危险的；右手至脚的电流路径的危险性相对较小。电流从左脚至右脚这一电流途径，危险性小，但人体可能因痉挛而摔倒，导致电流通过全身或发生二次触电而产生严重后果。

表 10-2　　　　　　　　触电时电流流经人体的途径

电流途径	左手至脚	右手至脚	左手至右手	左脚至右脚
流经心脏的电流与通过人体总电流的比例	6.4%	3.7%	3.3%	0.4%

（5）触电的时间长短。触电时间越长越危险。有时虽然触电的电流只有 20～30mA，但由于触电时间长，电流通过心脏，造成心脏颤动，直至心脏停止跳动。一般认为触电电流的毫安数乘触电时间的秒数超过 50mA·s，人就有生命危险，所以触电时迅速脱离电源最重要。不停电作业是高危作业，为了保障作业人员作业安全，要求经过人体的稳态电流不能超出人体的感知水平 1mA。

2. 电场对人体的影响

不停电作业时，人体可看作良导体，工作人员作业时与带电体或杆塔构件构成各种各样的电极结构。电极结构在电压的作用下，电极间产生空间电场，并且都是极不均匀电场。在空间电场场强达到一定的强度时，人体体表场强约为 240kV/m 时，人体即有"微风感"，这一人体对电场感知的临界值，被公认为人体皮肤对表面局部场强的电场感知临界值。

3. 作业过程中的过电压

不停电作业过程中，作业人员除了受正常工作电压的作用外，还可能遇到内部过电压和雷击过电压。内部过电压又可分为操作过电压和暂时过电压。

（1）操作过电压。操作过电压的特点是幅值较高、持续时间短、衰减快。电力系统中常见的操作过电压有间歇电弧接地过电压、开断电感性负载（空载变压器、电抗器、电动机等）过电压、开断电容性负载（空载线路、电容器等）过电压、空载线路合闸（包括重合闸）过电压以及系统解列过电压等。操作过电

171

压的大小一般在 3.5 倍相电压范围内，是确定不停电作业安全距离的主要依据。

（2）暂时过电压。暂时过电压包括工频电压升高和谐振过电压。工频电压升高的幅值不大，但持续时间较长，能量较大，是不停电作业绝缘工具泄露距离整定的一个重要依据。造成工频电压升高的原因主要为不对称接地故障、发电机突然甩负荷、空载长线路的电容效应等。不对称接地故障是线路最常见的故障形式，在中性点不接地系统中，非接地相电压升高至线电压。常见的谐振过电压方式有参数谐振、非全相拉合闸谐振、断线谐振等。谐振过电压一般不会大于 3 倍相电压，但持续时间较长，会严重影响系统安全运行。

系统出现过电压时，可能从空气间隙、绝缘工具、绝缘子三个渠道上威胁作业人员的安全。从空气渠道上，过电压有可能造成带电体与作业人员间空气间隙发生放电；从绝缘工具渠道上，过电压会造成绝缘工具的沿面闪络或整体击穿；从绝缘子渠道上，过电压有可能通过作业人员附近的不良或外表脏污的绝缘子发生放电。为避免过电压带来的威胁，不停电作业必须同时满足安全距离和安全有效绝缘长度等要求。

4. 配电不停电作业的防护

为了保护作业人员作业过程中不受伤害，应采取以下措施：

（1）减少作用于人体的电压。不停电作业时应退出线路重合闸，禁止在有雷电情况下进行不停电作业，避免不停电作业中过电压（前者为开关连续开断、合闸而产生的操作过电压，后者为大气过电压）对不停电作业的安全造成影响。

（2）增大触电回路的阻抗。作业人员应穿戴全套绝缘防护用具，使用性能良好、试验合格的绝缘工器具，增加回路阻抗，有效限制泄漏电流。

（3）保持足够的安全距离。不停电作业过程中，作业人员应与未经绝缘遮蔽或绝缘隔离的带电体、地电位构件保持 0.4m 的安全距离；在一相上作业时，同时注意与邻相带电体保持 0.6m，与地电位构件保持 0.4m 的安全距离；不停电作业过程中，身体部位不可同时接触不同电位的物体。

5. 配电不停电作业基本要求

不停电作业在配电网检修作业中具有一定特殊性，需要满足很多要求，以下从作业环境、人员资质、安全间距 3 个最基本因素进行阐述。

（1）作业环境。不停电作业应在良好天气下进行，如遇雷（听见雷声，看见闪电）、雹、雨、雪、雾等天气，不得进行不停电作业。风力大于 5 级（10m/s）时，一般不宜进行作业。当湿度大于 80%时，如果进行不停电作业，应使用防潮绝缘工具。在特殊情况下，必须在恶劣天气进行不停电抢修时，应针对现场气候和工作条件，组织相关人员充分讨论并编制必要的安全措施，经本单位分管生产领导（总工程师）批准后方可进行。不停电作业过程中如遇天气突变，有可能危及人身或设备安全时，应立即停止工作。在保证人身安全的情况下，尽快恢复设备正常状况，或采取其他安全措施。

（2）人员资质。配电不停电作业人员应身体健康，无妨碍作业的生理和心理障碍。作业人员应具有电工原理和电力线路的基础知识，掌握配电不停电作业的基本原理和操作方法，熟悉作业工器具的适用范围和使用方法。通过专责培训机构的理论、操作培训，考试合格并具有上岗证。熟悉《国家电网公司电力安全工作规程》和《配电线路带电作业技术导则》（GB/T 18857—2008）熟悉配电线路装置标准，应会紧急救护法，特别是触电解救。工作负责人（包括安全监护人）应具有 3 年以上的配电不停电作业实际工作经验，熟悉设备状况，具有一定的组织能力和事故处理能力，经专门培训，考试合格并具有上岗证，并经本单位总工程师或主管生产的领导批准。

（3）安全距离。为了保证人身安全，作业人员与不同电位物体之间所应保持的各种最小空气间隙距离总称为安全距离。不停电作业时，安全距离的控制与作业人员的习惯、技术动作、站位、作业路径、个人安全意识等有关。安全距离包含最小安全距离、最小对地安全距离、最小相间安全距离、最小安全作业距离和最小组合间隙。配电线路不停电作业的各种安全距离见表 10-3。

表 10-3　　　　　　　　配电线路不停电作业的各种安全距离

电压等级/kV	最小安全距离/m	最小对地安全距离/m	最小相间安全距离/m	最小安全作业距离/m
10	0.4	0.4	0.6	0.7
20	0.5	0.5	0.7	1.0

注　此表数据均在海拔 1000m 以下，如海拔超过 1000m，则应进行校正。

1）最小安全距离。最小安全距离是为了保证人身安全，地电位作业人员与带电体之间应保持的最小空气距离。在这个安全距离下，不停电作业时，在操作过电压下不发生放电，并有足够的安全裕度。

2）最小对地安全距离。最小对地安全距离是为了保证人身安全，中间电位作业人员与周围接地体之间应保持的最小距离。中间电位作业人员对地的安全距离等于地电位作业人员对带电体的最小安全距离。

3）最小相间安全距离。最小相间安全距离是为了保证人身安全，中间电位作业人员与邻相带电体之间应保持的最小距离。

4）最小安全作业距离。最小安全作业距离是在带电线路杆塔上进行不（直接或间接）接触带电体的（如使用第二种工作票的）工作时，为了保证人身安全，考虑到工作中必要的活动，作业人员在作业过程中与带电体之间应保持的最小距离。作业时能维持的作业距离取决于作业人员的姿态、作业时间的长短、作业人员的自控能力和身体某些关键部位的活动范围。除了这些主观因素外，客观上还取决于监护人的不断观察和提醒、隔离措施的有效性等。

5）最小组合间隙。最小组合间隙是为了保证人身安全，在组合间隙中的作业人员处于最低的 50%操作冲击放电电压位置时，人体对接地体与对带电体两者应保持的距离之和。例如，作业人员进行绝缘手套作业时，工作人员站在高架绝缘斗臂车的绝缘斗内或绝缘平台上通过绝缘手套接触带电体，此时人体处在一悬浮电位即"中间电位"，带电体对地之间的电压由绝缘材料和人体对带电体（手套厚度）与人体对大地或接地体的组合间隙共同承受。

6）绝缘工具有效绝缘长度。有效绝缘长度是指绝缘工具在使用过程中遇到各类最大过电压不发生闪络、击穿，并有足够安全裕度的绝缘尺寸，是在不停电作业工具设计和使用时的一项重要技术指标。有效绝缘长度按绝缘工具使用中的电场纵向长度计算，并扣除金属部件的长度。有效绝缘长度的绝缘水平由固体绝缘的性能和周围空气的绝缘性能决定。配电线路带电作业用的绝缘操作杆、绝缘承力工具和绝缘绳索的绝缘有效长度不得小于表 10−4 所列数据。一般 10kV 配电不停电作业中使用的绝缘操作杆要求有效长度不小于 0.7m，支杆和拉（吊）杆有效长度不小于 0.4m，作业时不停电作业绝缘斗臂车大臂伸出不小于 1m。

表 10−4 绝缘工具有效绝缘长度

电压等级/kV	有效绝缘长度/m	
	绝缘操作杆	绝缘承力工具、绝缘绳索
10	0.7	0.4
20	0.8	0.5

10.2.3　配电不停电作业方法及原理

1. 配电不停电作业按电位分类及说明

按作业人员的自身电位来划分，配电不停电作业可分为地电位作业、中间电位作业两种方式，配电不停电作业不得进行等电位作业。

（1）地电位作业。地电位作业是作业人员人体与大地（或杆塔）保持同一电位，通过绝缘工具接触带电体的作业。这时人体与带电体的关系是：大地（杆塔）、人→绝缘工具→带电体。

作业人员位于地面或杆塔上，人体电位与大地（杆塔）保持同一电位。此时通过人体的电流有两条回路：① 带电体→绝缘操作杆（或其他工具）→人体→大地，构成电阻回路；② 带电体→空气间隙→人体→大地，构成电容电流回路。这两个回路电流都经过人体流入大地（杆塔）。严格地说，不仅在工作相导线与人体之间存在电容电流，另两相导线与人体之间也存在电容电流。但电容电流与空气间隙的大小有关，距离越远，电容电流越小。地电位作业的位置示意图及等效电路如图 10-3 所示。

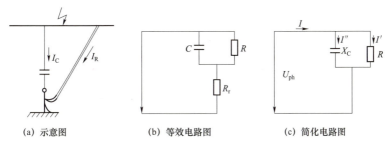

| (a) 示意图 | (b) 等效电路图 | (c) 简化电路图 |

图 10-3　地电位作业的位置示意图及等效电路

所以在分析中可以忽略另两相导线的作用，或者把电容电流作为一个等效的参数来考虑。由于人体电阻远小于绝缘工具的电阻，即 $R_r \ll R$，人体电阻 R_r 也远远小于人体与导线之间的容抗，即 $R_r \ll X_C$，因此在分析流入人体的电流时，人体电阻可忽略不计。则流过人体的阻性电流为

$$I = \frac{U_{ph}}{R} \qquad (10-1)$$

不停电作业所用的环氧树脂类绝缘材料的电阻率很高，如 3640 型绝缘管材的体积电阻率在常态下均大于 $10^{12}\Omega \cdot cm$，制作成的工具，其绝缘电阻均在 $10^{10} \sim 12^{12}\Omega$ 以上。对于 10kV 配电线路，阻性泄漏电流 $I = 5.77 \times 10^3 / 10^{10} \approx 0.6$（μA），泄漏电流仅为微安级。

地电位作业时，当人体与带电体保持安全距离时，人与带电体之间的电容约为 $C = 2.2 \times 10^{-12} \sim 4.4 \times 10^{-12}F$，其容性泄漏电流 $I = \omega Cu = 314 \times 2.2 \times 10^{-12} \times 5.77 \times 10^3 \approx 4$（μA）。

以上分析计算说明，在应用地电位作业方式时，只要人体与带电体保持足够的安全距离，且采用绝缘性能良好的工具进行作业，通过工具的泄漏电流和电容电流都非常小（微安级），这样小的电流对人体毫无影响。因此，足以保证

作业人员的安全。

但是必须指出的是，绝缘工具的性能直接关系到作业人员的安全，如果绝缘工具表面脏污，或者内外表面受潮，泄漏电流将急剧增加。当增加到人体的感知电流以上时，就会出现麻电甚至触电事故。因此在使用时应保持工具表面干燥清洁，并注意妥善保管，防止受潮。

（2）中间电位作业。中间电位作业时，人体的电位是介于地电位和带电体电位之间的某一悬浮电位，它要求作业人员既要保持对带电体有一定的距离，又要保持对地有一定的距离。这时，人体与带电体的关系是：大地（杆塔）→绝缘体→人体→绝缘工具→带电体。作业人员站在绝缘斗臂车或绝缘平台上进行的作业即属中间电位作业，此时人体电位是低于导电体电位、高于地电位的某一悬浮的中间电位。

采用中间电位法作业时，人体与导线之间构成一个电容 C_1，人体与地（杆塔）之间构成另一个电容 C_2，绝缘手套或绝缘杆的电阻为 R_1，绝缘斗臂车或绝缘平台的绝缘电阻为 R_2。中间电位作业的位置示意图及等效电路如图10－4所示。

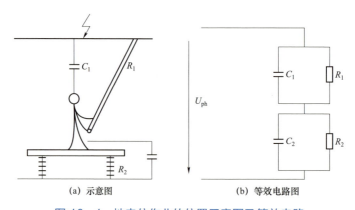

（a）示意图 　　　　　（b）等效电路图

图 10－4 　地电位作业的位置示意图及等效电路

作业人员通过两部分绝缘体分别与接地体和带电体隔开，这两部分绝缘体共同起着限制流经人体电流的作用，同时组合空气间隙防止带电体通过人体对接地体发生放电。组合间隙由两段空气间隙组成。

一般来说，只要绝缘手套、操作工具和绝缘平台的绝缘水平满足规定，由 R_1 和 R_2 组成的绝缘体即可将泄漏电流限制到微安级水平。只要两段空气间隙达到规定的作业间隙，由 C_1 和 C_2 组成的电容回路也可将通过人体的电容电流限制到微安级水平。

需要指出的是，在采用中间电位法作业时，带电体对地电压由组合间隙共同承受，人体电位是一悬浮电位，与带电体和接地体有电位差，在作业过程中应注意以下两点：① 地面作业人员不允许直接用手向中间电位作业人员传递物品。若直接接触或传递金属工具，由于二者之间的电位差，将可能出现静电电击现象；② 若地面作业人员直接接触中间电位作业人员，相当于短接了绝缘平台，使绝缘平台的电阻 R_2 和人与地之间的电容 C_2 趋于零，不仅可能使泄漏电流急剧增大，而且因组合间隙变为单间隙，有可能发生空气间隙击穿，导致作业人员电击伤亡。

全套个人绝缘防护用具、绝缘平台和绝缘杆应定期进行试验，保持良好的绝缘性能，其有效绝缘长度应满足相应电压等级规定的要求。

2. 配电不停电作业按使用工器具分类及说明

根据作业人员采用的绝缘工具来划分配电不停电作业方式可分为绝缘杆作业法、绝缘手套作业法。

（1）绝缘电杆作业法。绝缘杆作业法是与带电体保持足够的安全距离，使用各种绝缘工器具对带电设备进行检修的作业。

作业人员可以使用脚扣、升降板、绝缘平台等设备在电杆上进行绝缘杆作业。在作业范围狭小或线路多回架设，作业人员有可能触及不同电位的电力设施时，作业人员应穿戴绝缘防护用具，并对带电体进行绝缘遮蔽。绝缘防护用具一般至少包括绝缘手套、绝缘安全帽和绝缘靴。以作业人员的承载设备为出发点，可将绝缘杆作业法简单划分为直接登杆绝缘杆作业法（地电位作业）和绝缘平台绝缘杆作业法，如图 10-5 所示。

图 10-5　绝缘杆作业法

不停电作业中使用的环氧树脂类绝缘材料的电阻率比较高，制成的绝缘工器具电阻一般可以达到 $10^2\Omega$ 以上。绝缘杆作业法不停电作业时只要人体与带电体保持足够的安全距离，使用绝缘性能良好的绝缘工具进行作业，通过人体的泄漏电流和电容电流都很小，威胁不到作业人员的安全。绝缘工器具必须保持干燥整洁，一旦表面脏污，有汗水、盐分的存在，或者绝缘严重受潮，则泄漏电流就会大大增加，就可能威胁到作业人员的人身安全，所以必须妥善保管。

（2）绝缘手套作业法。绝缘手套作业法是作业人员站在高架绝缘斗臂车绝

图 10-6　绝缘手套作业法

缘斗中或绝缘平台上，戴上绝缘手套接触带电体进行作业。采用绝缘手套作业法时，作业人员必须使用全套个人防护用具，即绝缘帽、绝缘手套、绝缘服或绝缘披肩、绝缘鞋、护目镜及绝缘安全带。高架绝缘斗臂车或绝缘平台作为带电导体与大地间的主绝缘，绝缘手套、绝缘服、绝缘鞋等个人防护用具作为辅助绝缘。绝缘手套作业法如图 10-6 所示。

绝缘手套作业法作业人员在装置附近作业时，应注意其他触电回路，如横担→人体→带电导体，带电导体→人体→邻相带电导体等。在这些触电回路中，除了对地电位物件和带电导体进行绝缘遮蔽隔离外，人体还应对非接触的导体或构件保持一定的安全距离。此时，绝缘斗臂车已起不到主绝缘保护作用，取而代之的是空气间隙。由于作业中空气间隙也不一定能保持固定，个人绝缘防护用具就显得尤为重要。对于已设置的绝缘遮蔽措施，作业中禁止人员长期接触，只能允许偶然性的擦过接触，并且禁止接触绝缘遮蔽措施以外的部分，如边沿部分。

1）绝缘斗臂车。高架绝缘斗臂车是不停电作业的一种专用车辆。载人绝缘斗安装在可以伸缩的绝缘臂上，绝缘臂又装在一个可以旋转的水平台上。悬臂由单根或双根液压缸支持，可以在铅垂面内改变角度，可平行于电线或电杆做水平或垂直移动。高架绝缘斗臂车的绝缘臂具有质量轻、机械强度高、绝缘性能好、憎水性强等特点，在不停电作业时为人体提供相对地之间的主绝缘防护。绝缘斗具有高电气绝缘强度，与绝缘臂一起组成相对地的纵向绝缘。

2）绝缘平台。配电线路的许多杆塔，绝缘斗臂车无法到达，许多单位因地制宜地设计了能够灵活旋转的绝缘平台。作业时，绝缘平台起着相对地之间的主绝缘作用。在被检修相或设备上作业之前，必须穿戴全套绝缘防护用具对相邻带电体及邻近地电位物体进行绝缘遮蔽或隔离。绝缘手套外应再套上防磨或防刺穿的防护手套（羊皮手套）。

绝缘平台所用材料是以玻璃纤维和环氧树脂为主要材料而拉挤成型的玻璃钢矩形中空结构型材，型材抗弯性、抗扭曲变形符合国家标准。绝缘平台结构型材受力均匀合理，整体连接可靠稳固。根据安置形式，绝缘平台可分为抱杆式绝缘平台和落地式绝缘平台。抱杆式绝缘平台以其部件少、安装简便、使用灵活，最为常见。

1）抱杆式绝缘平台。由安装平台、绝缘子支柱、连接平台固定连接成一体。

平台支架由螺栓固定，连接于平台连接座架的上、下端，平台连接座架上端分别由一链条滚轴轮装置及一刹车保险装置可转动地支撑于电杆上，并锁紧其对电杆的固定；平台连接座架下端固定安装于可转动钢箍，可转动钢箍可滑动地置于紧固电杆上的固定钢箍托架上。抱杆式绝缘平台装置可旋转 360°安装，空中的作业范围大、安全可靠，不受交通和地形条件限制。抱杆式绝缘平台如图 10-7 所示，在其上作业如图 10-8 所示。

图 10-7 抱杆式绝缘平台　　　图 10-8 在抱杆式绝缘平台上作业

2）落地式绝缘平台。包括底座、连接支架、作业平台、升降装置以及升降传动系统，其特征在于升降装置由不少于两节的套接式矩形绝缘框架构成，各节绝缘框架间置有提升连接带，安装在底座内的升降传动系统的丝杠与蜗轮、蜗杆减速器和电动机依次连接。通过对传动机构的简化以及将整体压缩在底座内，使设备结构简单、体积小、制造成本低，又将平台的升降装置做成绝缘，实现了平台在升降过程中的绝对安全性。在落地式绝缘平台上作业如图 10-9 所示。

图 10-9 在落地式绝缘平台上作业

11 虚拟电厂运营及示范应用

11.1 虚拟电厂概述

由于新能源发出的电具有波动性、随机性和间歇性，大规模的新能源发电接入电网后，将会在电网调峰、电压稳定和频率稳定等方面带来一定的影响。从平衡角度来看，新型电力系统从"源随荷动"向"源荷互动"进行转变，传统的平衡方式是电源跟随负荷进行变化，而新型电力系统的平衡则呈现新的特征，给电力系统的平衡调节和电网安全稳定运行带来一系列新的挑战。首先是新能源消纳和电力保供的挑战，风电、光伏大规模消纳需要火电、水电、燃气等传统机组提供大量调峰、调压、备用等辅助服务，随着新能源出力占比不断增加，仅仅依靠这种传统的调节能力，已经无法满足新能源消纳的需求。夏季空调尖峰负荷和冬季热—电调度矛盾等季节性、时段性电力供需不平衡矛盾非常严重，传统发电机组调峰能力不足，已经严重影响电力系统的安全稳定运行。此外，新能源发电存在着"反调峰"特性，在负荷高峰时段发电量相对较低，而低谷时段发电量相对较高，新能源的反调峰性导致电力系统面临尖峰时段保供难、低谷时段消纳难的挑战。其次，分散式资源带来了新的挑战，随着小型分布式新能源发电设施、储能设施、可控用电设备、电动汽车等设备与器件的发展普及，在用电侧，越来越多的电力用户由之前单一的消费者转变为混合型的产销者，需求侧的资源潜力巨大，但是这种资源目前并没有被充分挖掘。分布式电源、电动汽车、空调等设备的用能随机性强、波动大，而且不易控制，这些分散式资源规模的扩大对电网的安全稳定运行带来了新的挑战。

为了应对新型电力系统挑战，除了采用常规火电机组灵活改造、抽水蓄能和电化学储能等技术外，还可以充分挖掘用户侧电动汽车、空调、热泵等灵活异质资源的调节潜力，这些资源具有数量多、体量小、总量大的特点，将这些分散的用户侧资源聚沙成塔，可以提升电网对清洁能源的接入能力和消纳能力，有效弥补电力系统调节资源不足的缺陷，符合新型电力系统的发展需要。目前，大量的用户侧可调节资源尚未纳入电力系统的实时可调度范围，要实现新能源的高效消纳、降低用电成本、助力大电网安全稳定运行的目的，需要唤醒用户侧海量的、灵活的异质资源，实现源网荷储智慧联动，如图 11-1 所示。

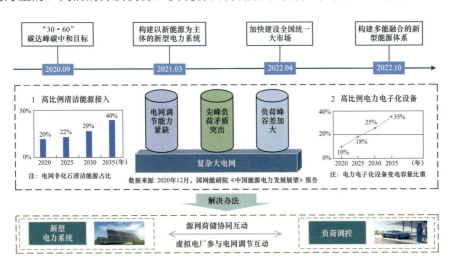

图 11-1　虚拟电厂与能源新业态

作为提升电力系统调节能力的重要手段之一，虚拟电厂对缓解电力紧张、促进新能源电力消纳等问题将发挥重要作用。虚拟电厂作为负荷资源整合和利用的抓手，通过智能调控、通信技术整合各种形式的分布式发电、负荷、储能等资源，可全面提升电力系统调节能力，挖掘电网互动支撑能力，助力新型电力系统建设。同时，虚拟电厂作为新的运营主体将发挥重要的作用，依托电力市场实时电价与激励机制，构建市场驱动、互利共赢的生态运营体系，丰富市场主体和模式，促进清洁能源消纳和电网安全高效运行。

虚拟电厂这一术语源于 1997 年 Shimon Awerbuch 博士在其著作《虚拟公共设施：新兴产业的描述、技术及竞争力》这本书中对虚拟公共设施的定义：虚拟公共设施是独立且以市场为驱动的实体之间的一种灵活合作，这些实体不必拥有相应的资产而能够为消费者提供其所需要的高效电能服务。虚拟电厂便是在此概念基础上进行的拓展延伸。最初的虚拟电厂的概念更注重于分布式电源，但随着虚拟电厂技术研究的不断深入，虚拟电厂的概念也更加明确。虚拟电厂将可调节负荷、新型储能、分布式电源、电动汽车等需求侧资源进行聚合协调优化，形成可调控、可交易的单元，参与电网调度控制和电力市场交易，通过依托现代化的信息通信技术和人工智能技术，把各类资源以电为中心相聚合，实现电源侧多能互补、电网侧灵活可调、负荷侧柔性互动，可为电力系统提供调峰、调频备用等辅助服务，并为用户和分布式能源等市场主体提供参与电力市场交易的新途径。

虚拟电厂通过先进的通信、控制、计量、聚合和管理技术，实现海量的分布式新能源、储能系统、可控负荷、电动汽车等资源的聚合和优化，对外形成一个统一的整体来参与电力系统运行和市场交易，对外表现成为一个具备可控性的电源，既可以作为"正电厂"向系统供电和顶峰，又可以作为"负电厂"通过负荷侧响应配合系统来填谷。空间维度方面，虚拟电厂的可调节资源的布局比较分散，需要合理规划虚拟电厂的聚合范围，当涉及电网网络堵塞等问题时，还需要考虑网络拓扑等因素。在时间维度方面，不同种类的可调节资源的调节速度、调节范围、调节时间等特性有较大的差异，虚拟电厂可以为电网提供调峰、调频、备用等多种类型以及多种时间尺度的辅助服务。

2021 年以来，在能源规划、碳达峰行动方案、新型储能指导意见等多份政策文件中提及发展虚拟电厂，北京、内蒙古、浙江等多地也将虚拟电厂写入其"十四五"能源发展规划，上海、深圳、山西、宁夏等省（自治区、直辖市）也陆续出台虚拟电厂专项支持政策。2022 年 1 月，国家发展改革委、国家能源局印发了《"十四五"现代能源体系规划》，《规划》指出：开展工业可调节负荷、楼宇空调负荷、大数据中心负荷、用户侧储能、新能源汽车与电网能量互动等各类资源聚合的虚拟电厂示范。2023 年 6 月，国家能源局发布的《新型电力系统发展蓝皮书》中指出，要推动多领域清洁能源电能替代，充分挖掘用户侧消纳新能源潜力，积极培育电力源网荷储一体化、负荷聚合服务、综合能源服务、虚拟电厂等贴近终端用户的新业态新模式，整合分散需求响应资源，打造具备实时可观、可测、可控能力的需求响应系统平台与控制终端参与电网调度运行，提升用户侧灵活调节能力。虚拟电厂的聚合模式如图 11－2 所示。

虚拟电厂作为电力行业的新模式，它的出现颠覆了传统火电机组的运营模式。利益分配方面，传统电厂利益分配较单一，而虚拟电厂中的不同发电单元可能分属于不同的主体，内部主体数量比较多，内部涉及不同主体间的利益分配问题，同时还需协调不同发电单元发电计划和利益关系，在保障各个主体利益的前提下，追求虚拟电厂整体利益最大化。调控方面，虚拟电厂的调度难度更大，虚拟电厂中的分布式电源具有随机性和间歇性等特点，相对传统火电机组调度难度更大，传统电厂的电力根据负荷端的波动变化经由调度进行集中的调控，而虚拟电厂参与主体中的负荷侧资源可以根据电力生产相应调整，包含了大量的可控负荷，所以由电网直接控制的难度较大。资产组成方面，虚拟电厂的运营商可能没有实体资产，不像传统电厂拥有大量的发电机组，虚拟电厂是通过先进的通信控制技术来聚合资源，但同时聚合的资源又比较分散。环境影响方面，虚拟电厂具有较好的减排效果，尤其是在当前考核由能耗双控向碳排放双控转变的背景下，虚拟电厂技术能够实现分布式资源的有效聚合和协调控制，从而降低系统运行的碳排放量，促进新能源消纳，是推动"双碳"目标实现的有效途径。虚拟电厂的重要政策文件见表 11 – 1。

图 11 – 2　虚拟电厂的聚合模式

表 11 – 1　　　　　　　　　　　虚拟电厂的重要政策文件

时间	颁布主体	政策文件名称	主要内容
2022 年 1 月	国家发展改革委、国家能源局	《"十四五"现代能源体系规划》（发改能源〔2022〕210 号）	开展工业可调节负荷、楼宇空调负荷、大数据中心负荷、用户侧储能、新能源汽车与电网（V2G）能量互动等各类资源聚合的虚拟电厂示范
2022 年 1 月	国家发展改革委、国家能源局	《关于完善能源绿色低碳转型体制机制和政策措施的意见》（发改能源〔2022〕206 号）	拓宽电力需求响应实施范围，通过多种方式挖掘各类需求侧资源并组织其参与需求响应，支持用户侧储能、电动汽车充电设施、分布式发电等用户可调节资源，以及负荷聚合商、虚拟电厂运营商、综合能源服务商等参与电力市场交易和系统运行调节
2022 年 1 月	国家发展改革委、国家能源局	《关于加快建设全国统一电力市场体系的指导意见》（发改体改〔2022〕118 号）	引导各地区根据实际情况，建立市场化的发电容量成本回收机制，探索容量补偿机制、容量市场、稀缺电价等多种方式，保障电源固定成本回收和长期电力供应安全，鼓励抽水蓄能、储能、虚拟电厂等调节电源的投资建设
2021 年 7 月	国家发展改革委、国家能源局	《关于加快推动新型储能发展的指导意见》（发改能源规〔2021〕1051 号）	鼓励聚合利用不间断电源、电动汽车、用户侧储能等分散式储能设施，依托大数据、云计算、人工智能、区块链等技术，结合体制机制综合创新，探索智慧能源、虚拟电厂等多种商业模式

续表

时间	颁布主体	政策文件名称	主要内容
2021 年 3 月	国家发展改革委、国家能源局	《关于推进电力源网荷储一体化和多能互补发展的指导意见》(发改能源规〔2021〕280 号)	充分发挥负荷侧的调节能力。依托"云大物移智链"等技术,进一步加强源网荷储多向互动,通过虚拟电厂等一体化聚合模式,参与电力中长期、辅助服务、现货等市场交易,为系统提供调节支撑能力
2015 年 7 月	国家发展改革委、国家能源局	《关于促进智能电网发展的指导意见》(发改运行〔2015〕1518 号)	依托示范工程开展电动汽车智能充电服务、可再生能源发电与储能协调运行、智能用电一站式服务、虚拟电厂等重点领域的商业模式创新

11.2 虚拟电厂运营的体系架构

基于新型电力系统的框架基础,虚拟电厂的运营体系需要从市场、政策、管理制度等多方面进行统筹规划。通过虚拟电厂的管理平台和虚拟电厂运营商聚合平台,实现虚拟电厂的运营和交易,促进各类聚合资源协同为电网提供电量平衡和辅助服务支撑。其中,虚拟电厂管理平台完成响应能力的汇总和响应需求的分解下发,面向省内所有的虚拟电厂提供数据报送、申报代理、出清通知、效果评估等服务,并对省内的虚拟电厂运行的情况进行监测和管理,虚拟电厂运营商聚合平台经过自身的响应能力评估并整合后,上报到虚拟电厂的管理平台,同时接收虚拟电厂管理平台下发的响应需求,并执行分发策略,分发给具体的响应单元,运营商聚合平台需要具备资源聚合管理、运行管理、市场交易等相关支撑功能和信息交互能力。

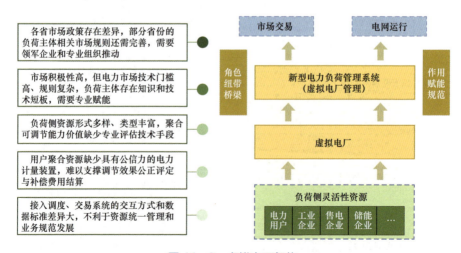

图 11-3 虚拟电厂架构

虚拟电厂架构（见图 11 - 3）的第一层是调度和市场体系，第二层是虚拟电厂体系，第三层是海量的灵活性资源体系。灵活性资源体系所控制的对象主要包括了光伏、空调、热泵、电动汽车及智能家居等不同的异质资源，这些资源聚合成了一个虚拟的可控集合体，参与电网的运行和调度。其中，换电站、储能等资源具有较强的调节能力和较高的电价敏感性，属于优质调峰资源。基于历史数据、运行参数等分析，资源层通过对不同类型负荷资源进行建模、分析和预测，制定设计响应策略算法，并对响应硬件进行设计、施工和调试。资源层所对接的用户种类众多，虚拟电厂平台需要和用户谈好盈利分成模式，并进行边缘网关的终端改造，之后签订代理合同协议，在协议生效之后，虚拟电厂就可以代替用户去参与市场和调度。在虚拟电厂层主要对分布式资源进行整合优化和控制，形成可调节资源池，实现虚拟电厂聚合控制和运营管理功能，对外作为一个整体参与现货交易、辅助服务交易、需求响应等，与大电网间进行交互，为大电网提供服务支撑；对内通过协调、优化和控制由分布式电源、储能、可控负荷等柔性负荷聚合而成的分布式能源集群，满足管理范围内的可调节负荷资源的接入、聚合、运营、调控和管理，对各类可调节负荷资源实现信息接入、实时监视、指令下达、操作控制、统计查询、结算计费等业务环节的管理。虚拟电厂降低了用户参与电网互动的门槛，普通用户直接参与市场交易或者需求响应是有准入条件的，对容量和性能都有较为严格的要求，从而导致部分用户没办法直接参与市场获得收益，虚拟电厂把这些零散的用户聚合起来，从而满足其市场准入要求。在电网调控层主要为电力系统提供调节能力，对接新型电力负荷管理系统的需求响应和应急支撑，对接电力交易中心的中长期市场业务，对接电力调控中心的电力现货市场及辅助服务业务，实现虚拟电厂的市场化运营能力。当主体调峰价格相同时，依据资源响应性能、可调容量等调峰相关性指标，电网调控层对主体进行优先级排序，根据调峰需求梯级调用，生成优化后的调控组合方案并出清，实现用户侧调峰的智慧调度。此外，虚拟电厂支持数据增值服务，对外发布数据，辅助政府决策并为企业能效提升赋能。虚拟电厂典型特征如图 11 - 4 所示。

物联架构与安全防护方面，虚拟电厂将常规电源、新能源、部分专变用户等调节资源的有功功率、容量、电流、电压、资源状态等数据通过生产控制大区接入平台；将外部电动汽车、智能楼宇、智慧园区等可调资源实时有功、用能状态、用电量等数据通过安全接入平台接入互联网大区物联管理平台，平台分别获取设备上报实时监测数据并下发控制指令，互联网大区获取的设备监测数据通过隔离装置同步至管理信息大区，支撑准实时监控展示的业务需求。虚

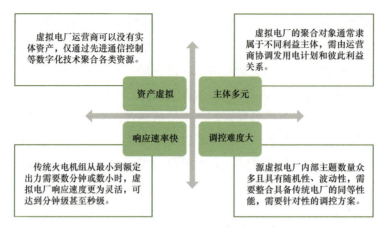

图 11-4　虚拟电厂的典型特征

拟电厂的数据采集频率根据资源参与的市场需求来确定，如参与需求响应和现货市场，15min 一个点的采集频率即可满足需求；参与调频辅助服务，则对数据采集频率提出了更高的要求。虚拟电厂平台生产控制大区与管理信息大区之间应部署国家或行业有关机构检测认证的电力专用横向单向安全隔离装置。在管理信息大区的信息外网与信息内网之间应部署信息网络安全隔离装置等措施。虚拟电厂平台在生产控制大区纵向边界处应部署通过国家或行业有关机构检测认证的纵向加密认证装置，通过身份认证、数据加密和访问控制等技术措施，实现业务数据机密性和完整性保护。虚拟电厂的建设运行与信息通信密不可分，自上而下可以按照云管边端进行规划，其中云侧是虚拟电厂管控平台，与电力交易平台和服务器互联，支撑资源管理、计划实施与运营交易；管是指由公网、专网构成的通信网络；边是指安装于用户的边缘服务器或者智能终端；端侧是指位于用户内部的监测与调控装置，主要采集电、热、环境参数等，并执行调节控制操作。

　　商业模式方面，虚拟电厂可以参与电能量市场，辅助服务交易、需求响应和能效管理获得收益。参与需求响应方面，我国自 2012 年启动电力需求侧管理城市综合试点工作，明确将推广电力需求响应作为试点的重要内容之一，多个省份允许虚拟电厂等市场主体参与需求响应。2023 年，国家发展改革委等部门印发了《电力负荷管理办法（2023 年版）》和《电力需求侧管理办法（2023 年版）》。两份文件中明确了全国各省负荷侧响应量的目标，并加入了虚拟电厂、负荷聚合商等新型市场主体，同时从国家层面第一次提出"谁提供、谁获利，谁受益、谁承担"的市场化机制，两份管理办法中数次提到虚拟电厂建设相关政策。《电力负荷管理办法（2023 年版）》第三十四条提出，负荷聚合商、虚拟电厂应接入新型电力负荷管理系统，确保负荷资源的统一管理、统一调控、统一服务。《电力需求侧管理办法（2023年版）》第十七条提出，建立和完善需求侧资源与电力运行调节的衔接机制，逐步将需求侧资源以虚拟电厂等方式纳入电力平衡，提高电力系统的灵活性；第四十八条提出，加强需求响应、电能替代、节约用电、绿色用电、智能用电、有序用电等领域的技术研发和推广，重点推进虚拟电厂、微电网等技术的创新和应用。参与辅助服务市场方面，2021年12月国家能源局发布《电力并网运行管理规定》《电力辅助服务管理办法》，确定辅助服务的方向后，各地陆续发布了支持虚拟电厂等第三方独立主体参与电力辅助服务的政策。2022年2月，国家发展改革委、国家能源局印发了《关于加快推进电力现货市场建设工作的通知》，明确提出引导虚拟电厂等新兴市场主体参与现货市场，充分激发和释放用户侧灵活调节能力。2023年9月，国家发展改革委、国家能源局印发了《电力现货市场基本规则》，其中明确指出要推动分布式发电、负荷聚合商、储能和虚拟电厂等新型经营主体参与交易，并将储能、虚拟电厂等新型主体纳入市场交易。此外，虚拟电厂还可以通过多能互补等方式，提高能源输出稳定性，通过用能监测、用能分析、用能优化提高能效水平。通过对中央空调系统、照明系统等柔性可调节负荷制定可靠经济的能效控制策略方案，对其下发能效优化策略，进行远程控制和管理，并不断地进行策略微调优化，最终得到切合实际的最优的能效控制方案，实现能效提升的目的。

参与市场流程方面，任何市场主体参与电力市场都包含着注册、申报、运行和结算，虚拟电厂参与电力市场的流程同样是标准的体系。注册方面，注册新的虚拟电厂用户，需提供虚拟电厂基本信息，包括电厂名称、运营商名称、并网电压等级、所属电网分区、可调资源总容量、机组数量以及各机组可调容量等资质信息，并发起虚拟电厂注册流程，不符合条件的用户会被进行警告提示，告知无法启动注册流程。申报方面，虚拟电厂的运营商需要对聚合资源进行申报，包括调节能力、调节速率和运行计划等，虚拟电厂运营商需要用科学的方法和技术手段使得用户侧的计划上报更为准确，同时接到信号以后，能够较为精确地响应，此外，价格申报还需要虚拟电厂平台对用户侧资源的调节成本有较为准确的预测。运行方面，经过建模之后，对于电力调度来说，看到的不再是分散的资源，而是经过聚合的一个类似火电机组的整体参数，燃煤电厂和虚拟电厂的边际出清，在有的市场中是同台的，在有的市场是分开的，市场的出清结果作为用电的功率计划，通过AGC下发到虚拟电厂平台，然后在虚拟电厂平台上进行解聚合，去调度灵活的用户侧资源进行响应。在市场的结算环节，虚拟电厂运营商每 15min 参与市场之后，获得相应的响应费用。

11.3 虚拟电厂运营的发展展望

党的二十大报告对能源发展作出了新的部署和要求，能源资源安全是关系国计民生的一个全局性、战略性的问题，在当前能源绿色转型进程加快的大背景下，电力系统供需形势已经发生了深刻的变化，源荷双侧都面临较强的不确定性，电力保供的压力日益增大，负荷侧资源保安全和保平衡的重要性凸显，也为虚拟电厂作用发挥提供了很好的前提条件。此外，碳排放双控带来了用能模式的进一步变革，虚拟电厂的柔性灵活、绿色降碳的作用会愈发显著。

政府层面，应进一步完善试点支持政策，加强统筹管理和顶层设计，推行需求响应强制性标准和产品认证制度，推动各部门联合出台针对需求侧可调节负荷设备的统一互动接口标准，并建立相应的评价认证制度。电网层面，应加强需求侧可调节资源的普查与容量核证，建立需求侧可调节资源一体化应用模式，丰富完善可调节资源实时感知、便捷接入、灵活互动、合作运营的技术支撑体系，推动完善需求响应标准体系与入网测试制度。关键技术方面，需要将海量的资源纳入电网的实时调控，并解决持续激励的问题，通过市场机制让市场自行的去激励灵活可调节资源参与电力市场交易。

在新型电力系统的背景下，虚拟电厂技术的保供和调峰价值凸显。未来将重点研究虚拟电厂对各类灵活资源的聚合优化方法以及各类资源持续参与市场的优化运营方法，通过多主体参与虚拟电厂运营，提升平台的运行灵活性和市场活跃度，实现大型专业的虚拟电厂运营商全面市场化运作，助力新型电力系统的安全稳定经济高效运行。

11.4 陕西虚拟电厂建设实践

陕西虚拟电厂建设整体处于起步阶段。目前，还未有虚拟电厂注册市场主体并参与市场交易。国网陕西电力结合陕西虚拟电厂建设需求，开发面向用户的虚拟电厂管理平台。

信息安全方面，平台部署在互联网，已通过国家信息系统第二级安全保护能力测试，具备一定程度的防护重要资源受损害的能力，能够发现重要的安全漏洞和安全事件，在系统损害后，能够在一段时间内恢复。平台对接方面，新型电力负荷管理系统、西北电网源网荷储协同互动智能调控平台均属于国家电网信息内网系统，具有较高的信息安全要求，平台之间通过管理信息大区安全隔离装置进行数据隔离，通过开通白名单的方式进行安全访问，保证了安全性和可靠性。

虚拟电厂综合管理平台如图11-5所示。平台采用采集层—数据层—应用层三层式架构，为虚拟电厂运营单位提供源网荷储各类负荷的汇聚、资源池管理、负荷监测、参与策略管理、用户特性分析等功能，支撑运营单位开展需求响应、辅助交易等虚拟电厂业务。虚拟电厂架构如图11-6所示。

图11-5 虚拟电厂综合管理平台

业务应用层	虚拟电厂							
	电源类		电网类		负荷类		储能类	
	站点综合管理	电力设备监控	电网电源管理	电网负荷管理	负荷监测	负荷分析	站点综合管理	电力设备监控
	环境设备监测	运行数据分析	电网储能管理	电网控制策略	负荷预测	辅助服务	储能设备监控	储能运行管理
统一数据物联平台	算法管理	算法仓库	模型库	算法训练	算法调用	统一组件		
	数据管理	IoT Hub物联管理	EDP数据处理	EDD数据挖掘	AEP应用	负荷预测		策略管理
	边缘控制	虚拟机组控制器	边缘计算	通信管理机	协议适配	报表管理		设备管理
采集层	源：新能源、其他电源		网：新型电力系统网络		荷：生产、空调、电动车负荷		储：EMS、PCS、动环	

图11-6 虚拟电厂架构

采集层支持物联设备直连、智能网关对接及第三方平台对接等多种模式。支持104、MQTT等协议并配备协议适配器，可实现主流物联协议的适配接入，满足源网荷储多场景、多设备的接入需求。

数据层采用物联平台架构实现了基于源网荷储等资源相关数据的接入、处理与管理，提供设备管理（设备接入、告警管理、网关管理、设备生命周期管理）、负荷预测、策略管理、报表管理等功能组件。可实现数据分析、边缘计算、内外数据服务、API 管理等功能，满足各类场景和业务应用需求。

应用层根据典型业务场景搭建功能模块，实现源网荷储等各类典型场景的业务应用。

1. 电源类

（1）分布式光伏板块。平台分布式光伏业务板块，设有站点管理、光伏组件监控、逆变器监控、环境监测等功能模块。通过连接光伏组件、逆变器、汇流柜等设备，实现对分布式光伏的运维监测和控制。

1）站点管理通过对站内一二次配电网络状态进行监控，了解站内各电气设备的运行情况及状态，并对变电站并网状态、功率流向情况进行实时监控。

2）光伏组件监控模块适用于微型逆变器式光伏电站，能够根据微逆变反应的数据显示各组太阳能电池板的工作状态（是否正常发电），并计量日发电量、日发电量曲线、月发电量柱状图、年发电量柱状图等，形成实时及历史数据曲线。

3）逆变器监控模块适用于组串式逆变器光伏电站，通过监控逆变器的电压、电流、功率、温度、频率、累计电量、告警信息等数据，形成实时及历史运行曲线。系统可以对逆变器进行远程控制，实时调节逆变器有功功率、无功功率输出值，满足电网运行需求。

4）环境监测模块通过与站内日照辐射传感器、风速风向传感器、环境温度传感器、光伏板件温度传感器等设备连接，监测设备运行环境，通过对比逆变器数据，判断光伏组件是否存在故障或需要清洗，可预发布运维指导信息。

（2）风电板块。平台风电业务板块，设有站点管理、风机监控、环境监测等功能模块。通过对接风机、测风塔、变电站等风电场设施，实现对风电场整体的运维监测和控制。

1）站点管理可以直观地显示各类风场设施（风机、测风塔、变电站）的地理分布示意图，用户可以在地理图上直接显示各类设施的主要运行数据，可以通过选择特定设施对该设施进行监控。变电站内通过对站内一二次配电网络状态进行监控，了解站内各电气设备的运行情况及状态，并对变电站并网状态、功率流向情况进行实时监控。

2）风机监控模块可以计量风机的日发电量、日发电量曲线、月发电量柱状图、年发电量柱状图等，形成实时及历史数据曲线。并能够监测和记录风机的启停情况、运行状态、告警信息等运行数据。系统可以对风机进行远程控制，实时调节逆变器有功功率、无功功率输出值，满足电网运行需求。

3）环境监测模块监测测风塔数据，对风场风力进行测算，结合风机功率曲线对比分析可判定风机的运行状况是否健康，辅助制定风机运行控制策略和检修计划。对于安装有视频监控设备的风场也可连接监控系统，对风场周围环境进行实时监控。

（3）平台后期可根据需要拓展接入电源类型。

2. 电网类

（1）新型电力系统网络。新型电力系统网络模块，根据已接入平台的电源类、负荷类、储能类资源的地理分布关系，构建新型电力系统资源分布图，形成多个网络节点，按区域或主网节点对资源进行聚合整理。在每个节点设置边缘化计算模块，通过节点化各类资源提高平台的数据分析速度和资源控制响应速度。下设策略辅助和控制辅助两个子模块。

1）策略辅助模块可以帮助用户调整市场交易策略和辅助服务策略。平台通过对各节点相关的市场交易情况、辅助服务情况、调度运行曲线等数据进行分析，计算各节点潮流数据，并给出辅助服务、市场交易方案的申报建议。通过与实时运行数据做对比分析，还可以对方案进行优化，保证方案的可执行性。

2）控制辅助模块可以帮助用户在紧急调控、常态化调控等情景时提高控制效率、缩短响应时间。例如参与电力交易、辅助服务时用户可根据市场出清结果预设控制策略并自动执行。在电网故障或调度紧急调控时可根据需要生成多个预控策略由用户选择可执行度最高的策略。在执行一个控制策略时，平台仅需对相关节点进行控制，即可自动按照需求实现负荷、储能、电源的联动控制。

（2）微电网。微电网应用板块，内部分为电源模块、储能模块、负荷模块、控制模块等子模块。电源模块、储能模块、负荷模块功能与其他模块功能类似，用于微电网内各类资源的管理和监测。控制模块支持并网运行与孤网运行两种模式的控制策略，在并网运行时，采用 P/Q 功率控制策略，跟踪主网的频率、电压，设定微电网节点的有功功率、无功功率，对网内设备进行自动调节，指导节点功率达到指定值。通过这种方式，微电网可实现负荷用电、上送余电、用储结合等多种运行策略。在孤网运行时，采用 U/f（电压/频率）控制策略，使电源、储能等设备组合，输出稳定的电压、频率，并且输出功率满足负荷的变化需求。

3. 负荷类

（1）负荷监控。负荷监控业务板块，可以对不同等级，不同特性的各类负荷进行监测控制。在负荷接入平台前，需根据负荷的等级，结合用户的需求给出接入方案，在方案中明确需要取用的数据和可控制范围，经用户同意后方可接入。对于不满足接入要求的负荷可同用户协商进行一定程度的适配化改造，增加传感器、测控装置等设备来满足需求。

平台设置有用户分画面，对于用户接入系统的所有负荷进行集中管理。分画面上直接显示各类负荷的主要运行数据，可以通过选择特定负荷进行更进一步的监测和控制。

对于特性相同的同类负荷，平台通过负荷聚合展示的方式进行集中管理，目前有三类。生产负荷，分析展示负荷功率、设备状态、告警信息、可控情况等数据；空调负荷，分析展示负荷功率、天气、温湿度等环境参数、可控情况等数据；充电站类负荷，分析展示电站总充电功率、各充电桩模块功率等数据。平台可根据需求拓展负荷的展示类型。

（2）负荷预测。平台数据层设置有算法库、模型库，用于负荷预测及负荷可调能力预测。通过在调用算法时加入负荷历史用电数据、环境因素、相关运营数据等相关因素来提升算法的可靠性。例如在预测空调负荷时应考虑天气、室内温度、室内湿度、室内外温差、空气流量、空调能量转换效率、传导能量损耗等多方面因素；预测充电站负荷应结合历史充电数据、车辆类型数据、出行数据等。平台通过算法优化提升、大数据收集分析相结合的方式来实现更精准的负荷预测。

（3）辅助服务。平台通过与陕西电网新型电力负荷管理系统、西北电网源网荷储协同互动智能调控平台进行对接，实现负荷类资源参与电力辅助服务、电力需求响应的业务需求，也可实现邀约响应、主动报送等多种参与方式。平台内置各类辅助服务策略类型，根据单站、多站点的负荷预测曲线、负荷可调节能力分析、站点负荷特性对各站参与辅助服务的能力进行评估分类。结合调度部门，营销部门发布的辅助服务需求量，分类、分时段规划可调能力资源池，以及特定需求形成各类辅助服务参与策略，帮助用户在辅助服务交易市场实现收益的最大化。执行阶段，根据正式的出清结果进行智能化资源分配，在保证响应速度，响应时间、响应量的基础上对各类负荷资源进行合理化调配，并通过平台的控制策略保证分配结果的执行度。

4. 储能类

（1）电化学储能。电化学储能业务板块，设有站点管理、充放电管理、电池模组管理、温度监测、动环监测、电池系统监测等功能模块。平台通过连接储能站 EMS 以及消防、安防等系统、设备，实现对储能站的运维监测功能并具备控制能力。

1）站点管理通过对站内一二次配电网络状态进行监控，了解站内各电气设备的运行情况及状态，并对变电站并网状态、功率流向情况进行实时监控。

2）通过监控和管理 PCS 的充放电过程，查看储能 PCS 运行状态、运行模式、有功功率、无功功率、日充电量、日放电量等信息，及时了解储能变流器设备运行情况并对响应时间进行管理，确保储能变流设备的正常运行。

3）电池模组管理功能从集装箱、电池簇、电池单元、电池芯等多个维度，对储能站电池系统进行管理。实时监测电池系统的电压、电流等运行参数，记录电池单元运行状态和告警信息，保存系统运行历史数据，绘制系统运行的功率、电压、电流、发电量、电池 SOC 信息等实时或历史数据曲线。通过数据分析对电池系统运行风险做出预警，对于充放电效果较差的电池模组凸显表示，指导关闭、调整、检修电池模块，从而提高储能系统充放电效率。

4）通过对电池模组温度进行检测保障储能系统的安全，及时发现电池过热，反馈应对措施，如降低充电功率或停止充电，以保护电池不受损坏，确保站点安全提高运行效率，同时通过优化运行方案来延长电池系统整体寿命。

5）动环监测对储能站配套的辅助电力系统、空调系统、温湿度传感器、消防系统等进行全面监测、发现故障、及时告警、及时处理，保证储能站的稳定运行。

（2）空气压缩储能。平台搭建有空气压缩储能业务板块，设有站点管理、系统控制管理、生产数据管理等功能模块。平台通过连接储能站电动机、发电机、压缩机、膨胀机、储气罐等设备，实现对储能站的运维监测功能并具备控制能力。

1）站点管理通过对站内一二次配电网络状态进行监控，了解站内各电气设备的运行情况及状态，并对变电站并网状态、功率流向情况进行总的监测。

2）平台可以让用户实时查看电站安全事件的等级、发生时间以及事件详细信息。对电动机、膨胀机、储气罐、空气压缩机、发电机等设备参数变化远程监控、实时监测、优化运行细节以及控制储能设备的启停操作。

3）在生产数据方面，通过收集智能感知设备上送的数据，实现实时采集储气压力、温度、效率，以及膨胀机的转速、震动频率、润滑油温度等重要参数，记录并保存电站历史功率、空气压缩机的电流、电压、运行状态，确保生产工序的精准监测和可视化分析。

（3）平台后期可根据需要拓展接入储能电站的类型。

12 抽水蓄能建设及示范应用

12.1 抽水蓄能电站的建设背景

12.1.1 抽水蓄能电站的基本原理

抽水蓄能电站是一种将超额电能转化为潜在水能的设施，通过水力发电机将潜在水能转化为电能，以实现电力能源的调峰和储存。其基本原理就是在低谷期用电量较小的时候，将水从低处的水库抽取到高处，将电能转化成潜在水能，以备高峰期需要时通过水力发电机将潜在水能转化为电能，从而有效平衡能源供需，解决电网峰谷差的问题。

与常规水电站不同，抽水蓄能电站既是发电厂，又是用电户。负荷低谷时段抽水工况运行，利用电网内部多余电能将下水库的水抽到上水库，转换成水的势能储存起来，此时电站是电网内的一个用户。负荷高峰时段发电工况运行，通过水轮发电机将上水库的水放到下水库，实现水的势能到电能的转换，弥补负荷高峰的用电缺口。抽水蓄能电站作为一种可持续能源发电方式，能够解决电网峰谷差的问题，平衡电力资源的供需，减缓电网压力。同时，作为一种可再生清洁能源，抽水蓄能电站未来也将在电力领域扮演越来越重要的角色。

抽水蓄能电站可将系统价值低、多余的低谷电能转换为价值高、必需的高峰电能，是电力系统能源"循环器"。同时，抽水蓄能电站具有双倍调峰效果，即在负荷低谷时抽水填谷，在负荷高峰时发电运行削峰，这种削峰填谷运行方式是其他常规电源都无法比拟的高效调峰手段。建设抽水蓄能电站，可减少火电装机容量，优化系统电源结构，节省能源投资、运行费用以及燃煤费用。

12.1.2 国内抽水蓄能电站的发展形势

我国抽水蓄能发展始于 20 世纪 60 年代后期的河北岗南电站，经过广州抽水蓄能电站、北京十三陵抽水蓄能电站和浙江天荒坪抽水蓄能电站的建设运行，夯实了抽水蓄能发展基础。随着我国经济社会快速发展，抽水蓄能加快发展，项目数量大幅增加，分布区域不断扩展，相继建设了泰安、惠州、白莲河、西龙池、仙居、丰宁、阳江、长龙山、敦化等一批具有世界先进水平的抽水蓄能电站。抽水蓄能电站设计、施工、机组设备制造与电站运行水平不断提升。目前我国已形成较为完备的规划、设计、建设、运行、管理体系。截至 2024 年底，我国在建、在运的抽水蓄能电站规模均位于世界第一。

2021 年 9 月，国家能源局印发了《抽水蓄能中长期发展规划（2021—2035年）》，提出到 2025 年，抽水蓄能投产总规模 6200 万 kW 以上；到 2030 年，投产总规模 1.2 亿 kW 左右。

2024 年 2 月 27 日，国家发展改革委、国家能源局联合印发了《关于加强电网调峰储能和智能化调度能力建设的指导意见》（以下简称《指导意见》）。《指导意见》对加强电力系统调节能力建设各项重点任务作出系统部署。文件指出，党中央、国务院高度重视新型能源体系和新型电力系统建设工作。电网调峰、储能和智能化调度能力建设是提升电力系统调节能力的主要举措，是推动新能源大规模高比例发展的关键支撑，是构建新型电力系统的重要内容。近年来，国家发展改革委、国家能源局积极推动煤电灵活性改造、抽水蓄能、新型储能等电力系统调节能力建设，加强智能电网建设，有力支撑了电力系统安全稳定运行和新能源高质量发展。

《指导意见》提出，到 2027 年，电力系统调节能力显著提升，抽水蓄能电站投运规模达到 8000 万 kW 以上，需求侧响应能力达到最大负荷的 5%以上，保障新型储能市场化发展的政策体系基本建成，适应新型电力系统的智能化调度体系逐步形成，支持全国新能源发电量占比达到 20%以上、新能源利用率保持在合理水平，保障电力供需平衡和系统安全稳定运行。

12.1.3　陕西省抽水蓄能发展背景

随着国家"双碳"目标和相关指标的提出，陕西省为了满足非化石能源消费占比、可再生电力总量消纳权重等指标，风、光等新能源大规模高比例发展，电网将面临多时间尺度的电力电量不平衡问题，对调节电源的需求更加迫切。目前，陕西电网仅有镇安抽水蓄能电站在建（部分建成），已有水电规模相对较小且调节能力差，火电机组存在供暖季调峰能力下降问题，总体来看陕西电网调峰能力有限，难以适应大规模新能源接入后的调峰需求。抽水蓄能电站是目前技术最为成熟的大规模储能方式，对优化电网电源结构、缓解电网调峰压力、提高新能源消纳具有重要作用，大规模发展抽水蓄能电站是构建新型电力系统的必然选择。

随着经济快速发展和用电结构调整，未来陕西电网负荷还将迅速增加，峰谷差也会逐渐增大，电网调峰难度增加。未来，解决电网调峰的有效途径就是新建抽水蓄能电站。抽水蓄能电站可将系统价值低、多余的低谷电能转换为价值高、必需的高峰电能，是电力系统能源"循环器"。同时，抽水蓄能电站具有双倍调峰效果，即在负荷低谷时抽水填谷，在负荷高峰时发电运行削峰，这种削峰填谷运行方式是其他常规电源都无法比拟的高效调峰手段。建设抽水蓄能电站，可减少火电装机容量，优化系统电源结构，节省能源投资、运行费用以及燃煤费用。

目前，陕西省新能源发展势头迅猛，但风电、光伏等新能源存在"靠天吃饭"、出能不稳的天然短板。抽水蓄能电站通过储能调节，将新能源电力在不同时间（尤其是通过中午和夜间）进行存储和释放，从而实现了新能源发电与电力负荷在时间上的解耦，提升新能源利用水平。抽水蓄能电站还可有效应对高比例新能源上网带来的高调节成本问题，提升电力系统整体经济性。抽水蓄能单位千瓦造价水平最低，是整体经济性最好的灵活调节电源。抽水蓄能通过常规电源替代，可以有力减少启停成本，降低排放。通过与各类新型储能和灵活调节技术配合联动，可有力促进新能源消纳，降低电力系统调节成本，提升全系统运行的经济性。

根据国网陕西电力发展总体目标和思路，未来的电源发展方向为积极推进煤电超低排放和灵活性改造、创造条件有序推进核电安全发展、合理配置抽水蓄能等调峰电源，大力推进新能源健康发展、适度推进天然气发电和分布式发展，构建清洁、多元的电源保障体系。根据各类电源运行特性，陕西省网内调峰电源主要有常规水电、煤电、新能源和抽水蓄能电站。

（1）常规水电：陕西水电可开发资源主要集中在汉江流域及黄河北干流，目前汉江流域水电开发潜力已基本利用，远期结合黄河北干流开发可新增一定规模的水电电源。2021年陕西全省水电装机3199MW，预计2025年水电装机容量3600MW，到2030年水电装机达到4600MW。

（2）煤电：陕西电网核准、在建的内用火电机组共计6700MW。此外，新增纳规5980MW内用火电建设指标，基本将在"十五五"建成。另外，《陕西省"十四五"电力发展规划》提出，有序建设支撑性基础电源，力争"十四五"关停落后燃煤机组2000MW，其中符合能耗环保安全要求的，原则上"关而不拆"，作为应急备用电源。

（3）新能源：2025年，全省内用新能源总装机规模49500MW，其中风电装机容量14000MW，光伏装机规模35500MW；2030年，全省内用新能源总装机规模77000MW，其中风电装机容量20000MW，光伏装机规模57000MW。

12.2　抽水蓄能电站的基本功能

12.2.1　调峰填谷

抽水蓄能电站机组从静止到满负荷运行仅需 120～150s，这是火电、核电等机组所无法比拟的。发电削峰、用电填谷可明显减少电网峰谷差，且这种电站具有削峰和填谷双重作用，调峰能力为其装机容量 2 倍，比常规水电站和调峰机组的调峰能力大得多。

12.2.2　灵活动态调整

抽水蓄能电站动态功能因电网特性和需求而异，电站在电力系统中运行，不以生产电量为主，而以保证备用和提高供电质量等动态功能为宗旨。其动态功能分为 5 个部分：旋转备用、调频、同步调相、负荷跟踪和黑启动服务。

（1）旋转备用功能。抽水蓄能电站能够快速启动，迅速转换工况，由它来承担系统旋转备用容量，可以减少火电机组所承担的旋转备用容量，起到改善火电机组运行方式、稳定系统频率和缓解事故等重要作用。

（2）调频功能。电力系统负荷瞬间突然变化会影响电网频率稳定。抽水蓄能电站从停机到满载仅需 2～3min，调整灵活，负荷跟踪性能远比火电、核电机组优越，适宜承担频繁启停调频任务。

（3）同步调相功能。电力系统中无功电力不足或者过剩时，会造成电网电压波动，这不仅会影响供电质量、损坏用电设备，而且会直接影响电力系统安全可靠运行。当无功电力不足时，常需设置调相机，或将同步发动机改作调相运行以增发无功出力，补充系统无功不足。抽水蓄能电机是同步电机，不但在空闲时（不发电又不抽水）可以用来调相，在发电和抽水的同时也可以供给或吸收系统中无功电力，从而能减少设置专门的无功补偿设备。

（4）负荷跟踪功能。抽水蓄能电站在负荷高峰时快速启动，增加系统输出功率，以较好适应负荷的波动，弥补火电机组增荷慢的不足，保证热能机组负荷相对稳定，从而减少由于温度、负荷、电气方面剧烈变化而对火电机组产生不利影响。抽水蓄能机组负荷调整能力大约每分钟可达额定出力的 50%，而普通大型火电机组增荷速度每分钟仅为额定出力的 1%～2%，远远不能满足系统负荷剧烈变化时的爬坡要求。

（5）黑启动服务功能。抽水蓄能电站可在无外界帮助情况下，迅速自启动，并通过输电线路输送启动功率带动其他机组，从而使电力系统在最短时间内恢复供电能力。

12.2.3 改善火电和核电运行条件

电力系统中的大型高温、高压热力机组，包括燃煤机组和核燃料机组，均不适于低负荷下工作。当机组强迫压负荷后，燃料消耗和厂用电都将增加，机组损耗也将加速。如果电力系统中加入抽水蓄能机组，则可使这些热力机组都能在额定或较高出力下稳定运行。特别是对于核电站而言，尤其需要抽水蓄能电站配合改善其运行条件。

1. 改善水电调节性能

在水电站占相当比重的电力系统中，汛期时，为了提高水电利用率，常规水电站尽可能多发满发。在此期间，电网调节能力大幅下降，特别是库容小的常规水电站，在电网处于负荷低谷时，只能采取减负荷或完全停机的方式，从而导致弃水。抽水蓄能电站此时正好可以发挥功能，消耗电网大量电力加以"储藏"，从而大大提升水电消纳水平。

2. 释放线路输电能力

电力系统中有了抽水蓄能电站，就增大了系统裕度。低谷时，线路可以满载运行，减少线路空载；而高峰时，在主网线路满载运行情况下，依然可以供给周围高峰负荷，从而减轻主网线路压力，减少输电损失。

3. 节省电力投资和运行费用

由于抽水蓄能站址常能选在地形良好、地质条件优越、靠近负荷中心的地方，建设抽水蓄能电站，其投资比常规水电站、火电站或核电站少，工期相对也不算太长（中小型抽水蓄能电站一般需要 3～5 年可以建成，大型抽水蓄能电站一般要 5～8 年建成），再加上成熟的技术，这些优势使其成为电网中最经济的调峰电源。

4. 提高电力系统可靠性

根据国内外水火电运行资料分析，水电及抽水蓄能机组可用率一般在 99% 以上，而火电机组可用率在 80% 左右，水电及抽水蓄能机组运行事故率大大低于火电机组。采用抽水蓄能机组作为系统负荷调整手段，可减少系统中火电机组强迫停运次数和时间，提高供电可靠性，减少电力系统停电损失以及改善电网运行工况。

12.3　抽水蓄能电站建设的必要性

1. 保障电力供应，促进地区社会经济发展

陕西省是西北地区经济强省，随着经济社会快速发展，电力需求持续增加。截至 2024 年底，陕西电网全社会最大负荷 40760MW，全社会用电量 2541 亿 kWh，预计到 2030 年，陕西省最大负荷 58500MW、需电量 3400 亿 kWh，叠加德宝、灵宝直流、交流外送通道负荷后最大负荷和需电量分别可达 59610MW、3520 亿 kWh。

2030 年陕西负荷及电量增加后，不考虑增加火电等支撑性电源规模时，典型日内仍存在较大向上调峰需求，日向上调峰需求约为 8740MW，全天均处于缺电状态，日电量缺额达到 1.78 亿 kWh。通过新建 4000MW 内用火电以及在极端天气短时向西北电网购电后可解决电量不足问题，电力缺额也由 8740MW 减少至 3840MW，在解决电量缺额的基础上通过继续建设抽水蓄能电站搬移电量来解决电力不足问题。

2. 保障"双碳"目标实现，满足陕西电网调峰需求，改善电源结构

为实现"双碳"，以及到 2030 年，我国非化石能源占一次能源的比重达 25% 左右，风电、太阳能发电总装机容量达到 12 亿 kW 以上等目标，需要推动经济、能源、环境实现均衡与路径优化，加速构建清洁高效的能源体系。大规模发展新能源是陕西省能源高质量发展的必由之路，也是实现"双碳"目标的重要举措。陕西省风、光资源主要集中在陕北榆林、延安等地区。截至 2024 年底，陕西电网风电、光伏发电并网装机规模分别为 1495 万 kW、3432 万 kW。近年来，陕西省新能源快速发展，根据预测，2030 年陕西内用新能源总规模为 77000MW，其中光伏装机 57000MW，风电装机 20000MW。

太阳能、风能等新能源发电出力具有随机性、间歇性和波动性，光伏在午后时段出力较大，风电出力波动性较大。陕西电网日内用电负荷有早、晚两个高峰，大规模新能源并网后其发电出力与电网负荷需求存在一定不匹配，使得电网负荷低谷时段，新能源出力较大，系统弃电率加大；电网负荷高峰时段，新能源出力很小或无出力等，需要有调节能力的电源与之配合运行，平滑新能源出力过程，提高新能源消纳能力。陕西电网以火电为主，随着新能源的大规模并网，为保障电力系统安全稳定运行，将增大火电的调峰压力和运行成本。

抽水蓄能电站与风电、光伏具有较好的容量、电量互补特性。风电、光伏主要为系统提供电量，而抽水蓄能电站则以容量作用为主。从陕西省能源资源

情况看，抽水蓄能电站是配合风电、光伏发电互补运行的理想电源。

3. 维护陕西电网安全稳定运行

陕西电网位处"西电东送"送端地位，由于外送电力在电力系统中运行灵活性相对较差，从而也影响了电力系统整体调峰性能，对整个电网的安全稳定运行提出了更高的要求。抽水蓄能电站运行灵活、启动快、动态效益显著，可以参加电网调频、调相运行、紧急事故备用，是陕西电网的安全保障储能装置，对优化陕西电网的电源结构、改善电网电压水平、提高供电质量、保证电网的安全稳定运行有很大作用。

抽水蓄能电站机组在设计上考虑了快速启动和快速负荷跟踪的能力，现代大型蓄能机组可以在一两分钟之内从静止达到满载，并能频繁转换工况，让其他发电侧电源少承担调频任务，使其出力更加平稳，机组运行稳定性增加，检修周期延长、机组寿命增加，发电侧电源因此受益。同时，抽水蓄能电站可作为大容量的无功电源增发无功、改善电压，降低火电在低于额定功率运行有功出力减少和增加煤耗的影响。遇到突发事故，抽水蓄能电站作为有效的电源支撑可加速电网电压恢复过程，防止电压崩溃。

2030年，陕西省新能源电站中光伏电站占比较高，受太阳光强弱影响，当出现云雨天气时光伏电站出力将在短时间内出现较大波动，而光伏电站不通过电机发电，无法提供转动惯量，对电网有较大的冲击。抽水蓄能电站可在光伏占比高的电网中提供系统需要的转动惯量，减少光伏出力变化对电网的影响。

4. 有利于节能降耗，提高电网经济性

随着陕西电网负荷的增长，系统需要的旋转备用（即调频容量，包括负荷备用和部分事故备用）容量越来越大。陕西电网目前无抽水蓄能电站，常规水电在承担部分调峰后，可用于旋转备用的容量非常有限，需要大量的火电承担旋转备用，以满足电力系统安全稳定运行的需要。建设抽水蓄能电站，利用其部分容量作为电网调频容量，可替代部分燃煤火电调频容量，提高电网经济性。建设抽水蓄能电站是保证电网安全稳定运行较为经济的解决途径。抽水蓄能电站能够替代一定容量的燃煤机组，发挥容量效益。抽水蓄能电站的投运，可提高燃煤火电机组带基、腰荷时的比例及总负载率，减少全网供电煤耗，提高火电机组的经济性。

可见，建设抽水蓄能电站，利用其部分容量作为陕西电网调频容量，替代部分火电调频容量，可节省系统发电煤耗，有利于改善系统运行经济性，降低电网投资，提高电网的电能质量。

12.4　抽水蓄能电站的影响

抽水蓄能电站在电网中的调峰填谷、紧急事故备用、调频、调相等作用及其静态效益、动态效益以及技术经济上的优越性，已被世界各国所公认。抽水蓄能电站运行具有两大特性：它既是发电厂，又是用户，它的填谷作用是其他任何类型发电厂所没有的；同时它启动迅速、运行灵活、可靠，对负荷的急剧变化可以作出快速反应，除调峰填谷外，还适合承担调频、调相、事故备用等任务，其他任何电站都不同时具有这些功能。

1. 保障电力系统安全稳定运行和电力有序供应

（1）充当事故应急电源，保障系统安全稳定运行。系统发生大功率缺失后，为了保障频率稳定、控制潮流在运行限额内，需要及时增加发电出力。相比煤电、气电，抽水蓄能机组启动时间短、调节速率快，可在 2～3min 从停机开至满发；相比常规水电，抽水蓄能电站更靠近负荷中心，大幅增发不影响系统稳定，且支撑系统电压的作用更强。因此，抽水蓄能已经成为电力系统中最优先调用的应急电源，在多次重大事故处理时紧急开机满发，有力地保障了系统安全稳定运行，是安全保底电力系统的重要组成部分。

抽水蓄能机组在应对北京"5·29"燃气机组大规模停机事件中，为保障首都电网安全稳定运行发挥重要作用。2019 年 5 月 29 日，北京地区燃气机组因燃气压力低发生大规模停机事件，北京电网受电比例及各分区主变压器负载率迅速上升，网内电压支撑能力不足，系统安全稳定运行受到严重威胁。事故处置过程中，华北电力调控分中心迅速开启十三陵抽水蓄能机组，有效缓解功率缺额、主变压器负载率过快上升及电压支撑能力不足等问题，为保障首都电网安全稳定运行发挥重要作用。

在英国"8·9"大停电事故中，为迅速恢复系统至正常运行状态发挥重要作用。当地时间 2019 年 8 月 9 日傍晚，英国发生大面积停电事故，波及包括首都伦敦在内的英格兰、威尔士等大片地区，造成约 100 万用户停电。事故处置过程中，英国电网调度机构积极采取措施，调用抽水蓄能机组等快速响应能力，短时增加出力 124 万 kW，迅速恢复频率至 50Hz，恢复系统至正常运行状态。

（2）作为黑启动电源，在大停电发生后及时恢复供电。近年来，美国、英国、印度、巴西等国发生的大停电事故警示我们，发生大面积停电的风险始终存在，电力系统中须配置一定规模的黑启动电源。抽水蓄能电站上库蓄能可靠、启动速度快、发电出力调节灵活、可持续供电时间长，是系统首选的黑启动电源，可为保障极端事故下的电力系统快速有序恢复提供有力支撑。

（3）承担系统尖峰负荷，保障电力有序供应，容量效益明显。我国电力电量平衡格局总体呈现"电量平衡有余，季节性用电高峰期间电力平衡能力偏紧"的特点。充分发挥抽水蓄能电站容量效益，保障系统迎峰度夏期间尖峰负荷供给，减少了系统为应对短时尖峰负荷的燃煤等机组装机容量。

例如，2017、2018 年，"三华"电网负荷大于 97%当年最大负荷的小时数约 30h，占全年时长比重 0.3%左右；大于 95%当年最大负荷的小时数约 50h，占全年时长比重 0.6%左右。在夏季大负荷期间，华东电网抽水蓄能电站总体呈现"两抽三发"或"三抽三发"方式运行，华北、华中电网抽水蓄能电站总体呈现"一抽两发"方式运行有力的保障电力平衡，减少了用户有序用电。

2. 提升清洁能源利用水平

抽水蓄能削峰填谷作用明显，可有效助力系统消纳清洁能源。① 抽水蓄能电站顶峰发电的能力，可减少常规机组开机方式，降低系统中常规机组的最低技术出力，为消纳清洁能源腾出空间。② 弃电时段，抽水蓄能电站可以抽水储能，将弃电量存储起来，提升清洁能源利用水平。③ 抽水蓄能调节迅速灵活，是应对高比例新能源系统有功波动性变大的有效手段。

（1）提升新能源利用水平，实现新能源消纳"双升双降"。夜间低谷时段风电消纳、午间平峰时段光伏消纳困难。充分发挥抽水蓄能电站顶峰填谷优势，电站在中午平峰、后夜低谷时段抽水使用频繁，有效助力新能源消纳。

华东电网光伏装机超 4000 万 kW，午间光伏大发时段电网调峰困难，安徽电网"净负荷"曲线已呈现"鸭形曲线"。安排江苏宜兴、桐柏，浙江仙居，安徽响洪甸等抽水蓄能电站在午间增加一次抽水，可帮助华东地区实现新能源全额消纳。

东北电网新能源装机超 4000 万 kW，夜间低谷时段风电消纳困难。东北电网蒲石河、白山抽水蓄能电站配合风电运行频繁启停，其中蒲石河电站在所有大中型电站中日台均启动次数最高，帮助东北地区新能源利用率维持 98%以上。

华北电网风电、光伏装机均超 4000 万 kW。在弃电时段，积极调用山东泰山、河北张河湾、山西西龙池等抽水蓄能电站，帮助华北地区新能源利用率在98%以上。

（2）提升电网消纳区外清洁电力能力。以华东电网为例，每年三季度为西南、华中地区汛期，水电外送需求大，华东电网受入的复奉、锦苏、宾金及三峡送出直流等跨区系统持续高功率运行，基本不参与受端调峰，夜间负荷低谷时段华东电网调峰压力大。加大华东地区抽水蓄能电站低谷抽水电力，最大抽水电力超 800 万 kW，接近满抽，帮助华东地区消纳区外清洁电。

（3）有效应对新能源装机占比持续提升给系统带来的调节压力。随着系统中新能源装机比例持续增大，系统有功波动性变大，极大增加了系统调节难度，需要灵活调节电源配合运行。充分发挥抽水蓄能电站启停迅速、调节灵活的特点，机组利用方式逐渐由计划性的启停调峰向根据系统调峰、调频实际需要灵活启停转变，以更好地发挥促消纳、保安全作用。2019 年，新能源装机占比较大的华北、东北地区，电站启动次数同比增长 7.9%、11.4%。

3. 改善系统发、配、用各环节性能

（1）提升火电核电水电的综合利用率，降低系统能耗。随着负荷峰谷差拉大及新能源大规模接入，系统调峰需求逐渐扩大。如全由火电、核电承担调峰任务，会增加系统安全隐患，并降低发电设备运行效率。利用抽水蓄能电站调峰，能够减轻其他电源的调峰压力，提升系统效率。对于火电，抽水蓄能电站分担调峰任务，不仅可以减少煤电机组参与深度调峰及启停调峰的次数，还能提高煤电带基荷、腰荷的时间及负荷率，两者均可提升煤电机组效率，降低煤耗。对于核电，核电频繁参与系统调峰，不仅增加机组控制难度，加大人因失误风险，影响设备可靠性，同时也会显著提高核电的发电成本，建设适当规模的抽水蓄能电站与核电配合运行，可解决核电在基荷运行时的调峰问题，提高核电站的运行效益。对于常规水电，汛期水电大发时，若要利用水电调峰则会造成弃水，利用抽水蓄能电站的调峰填谷功能，能够减少或避免汛期弃水，提高水电经济效益。

（2）配电侧促进分布式发电顺利并网。大量分布式电源接入电力系统，会带来配电网局部电压升高和向主网送电能力受限问题，影响配电网正常运行。抽水蓄能配合分布式发电联合运行，利用抽水蓄能电站的电压调节和电能存储能力，能够解决分布式电源接入后引起的高电压问题，缓解配电网输送容量约束，有效提升系统接纳分布式发电的能力。

（3）减少频率偏差，提升了用户侧电能质量。为满足国家规定的电力系统频率要求，电网所选择的调频机组必须具备反应灵敏的特点，及时调整出力适应负荷瞬时变化。由于抽水蓄能机组启停迅速、运行灵活可靠，且能大范围调整出力，能很好地适应系统负荷急剧变化的趋势，提高电网频率合格率。以京津唐电网为例，在兴建十三陵抽水蓄能电站前，其调频任务由原来的陡河火电厂和大同第二火电厂承担，由于燃煤火电机组受设备的限制，对电网频率的急剧变化适应能力差，导致频率合格率仅为 98% 左右，而在十三陵、潘家口等抽

水蓄能电站投产后，频率合格率提升至99.99%以上，除了电网规模扩大和供电状况有所好转外，抽水蓄能电站参与电网调频起了重要作用。

12.5 陕西省抽水蓄能的建设实践

1. 陕西省抽水蓄能建设情况

2023年5月，国家能源局发布了《关于进一步做好抽水蓄能规划建设工作有关事项的通知》，要求深入开展抽水蓄能发展需求研究论证工作，提出项目调整建议。根据国家能源局向各省（自治区、直辖市）反馈的抽水蓄能发展需求规模，陕西省2035年抽水蓄能合理需求规模为1460万kW。目前，陕西在建及核准抽水蓄能电站共5座，总装机规模680万kW。其中在建的镇安抽水蓄能电站，装机容量为140万kW，2023年核准的曹坪、山阳、佛坪、沙河等4座抽水蓄能电站，装机规模540万kW。根据陕西各地市上报省能源局拟新增纳规及调规站点情况，2024—2028年规划新增纳规（调规）站点4个，总装机规模660万kW。已核准的各站点基本情况如下：

（1）曹坪抽水蓄能电站。曹坪抽水蓄能电站位于商洛市柞水县，距西安直线距离70km，距柞水县城直线距离约27km。电站装机容量140万kW，连续满发小时数6h。

（2）山阳抽水蓄能电站。山阳抽水蓄能电站位于商洛市山阳县，距西安市、商洛市直线距离分别约100、48km。电站装机容量120万kW，连续满发小时数5h。

（3）沙河抽水蓄能电站。沙河抽水蓄能电站位于汉中市勉县，距西安市、汉中市直线距离分别约220、26km。电站装机容量140万kW，连续满发小时数6h。

（4）佛坪抽水蓄能电站。佛坪抽水蓄能电站位于汉中市佛坪县，距西安市、佛坪县直线距离分别约130、12km。初拟电站装机容量140万kW，连续满发小时数6h。

2. 国网陕西电力抽水蓄能建设工作

（1）镇安抽水蓄能电站。陕西镇安抽水蓄能有限公司分别由国网新源控股有限公司出资70%和国网陕西省电力有限公司出资30%组成。镇安抽水蓄能电站项目位于陕西省商洛市镇安县月河镇东阳村，该电站距镇安县城公路里程约74km，距西安市公路里程约134km，是我国西北地区第一座抽水蓄能电站，工程投资约88.51亿元，于2016年3月25日经陕西省发展改革委核准批复建设，

2016 年 8 月 5 日正式开工建设，计划 2024 年竣工投产。

该电站总装机容量 140 万 kW，安装 4 台 35 万 kW 可逆式水泵水轮发电机组，设计年发电量 23.41 亿 kWh，年抽水电量 31.21 亿 kWh，电站由上水库、输水系统、地下厂房、地面开关站及下水库等建筑物组成。该电站建成后，通过 2 回 330kV 线路接入西安南变电站，将承担陕西电网的调峰、填谷、调频、调相和紧急事故备用任务，在提高系统安全可靠性和运行经济性的同时，促进风电等新能源的合理消纳和节能减排。

（2）陕西安康绿色能源基地。根据 2021 年 8 月国家能源局发布的《抽水蓄能中长期发展规划（2021—2035 年）》，安康市两个项目纳入规划重点实施项目，安康混合抽水蓄能项目纳入"十四五"规划，汉滨抽水蓄能项目纳入"十五五"规划。两个项目均由国网陕西省电力有限公司投资建设。安康混合抽水蓄能以安康水库为上水库，以已建旬阳水库为下水库，装机容量 60 万 kW，总投资约 50.53 亿元，目前已完成可研审查和核准要件准备。汉滨抽水蓄能原规划以安康水库为下水库，在库区右岸山顶新建上水库，装机容量 120 万 kW，总投资约 104 亿元，目前已完成预可研审查。两个抽水蓄能项目规划建设将与现有安康水电站形成由常规、混合抽水蓄能与纯抽水蓄能水电站组成的"一厂三站"绿色能源基地，实现集约资源、集中调控、集群管理，在水电产业升级、调度管理、人才培育等方面具有无可比拟的优势和潜力，在全国水电开发中具有标杆示范意义，综合效益十分显著，是践行"绿水青山就是金山银山"的生动实践。绿色能源基地建成后，有利于保障电网安全可靠运行，夯实陕西能源安全基础。两个项目距安康市直线距离约 18km，与 750kV 安康变电站（计划 2025 年建成）直线距离仅 21km。抽水蓄能项目及 750kV 安康输变电工程建成后，将与关中负荷中心及陕北、渭北新能源基地紧密联系，提高 750kV 关中南环网受电能力，显著提升陕西电网调峰、调频和事故备用能力。同时有利于促进新能源开发利用，助力陕西实现"双碳"目标。两个抽水蓄能电站与安康水电站集中联合调度，年抽水电量可达 64 亿 kWh，有力促进陕西电网风电、太阳能等新能源消纳，每年可节约原煤 221 万 t，减排二氧化碳 551 万 t，促进大气污染治理，助推能源清洁低碳转型。混合抽水蓄能年平均增加利用弃水电量 2.45 亿 kWh，有效提高安康水库水能利用率。

参 考 文 献

[1] 舒印彪，张正陵，汤涌，等. 新型电力系统构建的若干基本问题 [J]. 中国电机工程学报，2024，44（21）：8327-8341.

[2] 别朝红，卞艺衡，张理寅，等. 新型电力系统应对极端事件的风险防范与应急管理关键技术 [J]. 中国电机工程学报，2024，44（18）：7049-7068.

[3] 钟海旺，张宁，杜尔顺，等. 新型电力系统中的规划运营与电力市场：研究进展与科研实践 [J]. 中国电机工程学报，2024，44（18）：7084-7104.

[4] 文劲宇，张浩博，向往，等. 面向新型电力系统的柔性直流换流器统一控制架构 [J]. 中国电机工程学报，2024，44（18）：7068-7084.

[5] 林超凡，别朝红. 新型电力系统不确定性静态建模及量化分析方法评述 [J]. 电力系统自动化，2024，48（19）：14-27.

[6] 杨欢红，焦伟，黄文焘，等. 考虑暂态功角稳定和故障限流的并网逆变器下垂暂态控制策略 [J]. 电力系统保护与控制，2023，51（23）：59-70.

[7] 吕哲，葛怀畅，郭庆来，等. 面向受端电网暂态电压稳定的高压直流系统主动控制研究 [J]. 中国电机工程学报，2022，42（22）：8041-8053.

[8] 陆旭，张理寅，李更丰，等. 基于内嵌物理知识卷积神经网络的电力系统暂态稳定评估 [J]. 电力系统自动化，2024，48（09）：107-119.

[9] Lashgari M，Shahrtash S M. Fast online decision tree-based scheme for predicting transient and short-term voltage stability status and determining driving force of instability [J]. International Journal of Electrical Power & Energy Systems，2022，137：107738.

[10] 张晓华，刘道伟，李柏青，等. 信息驱动的大电网运行态势知识图谱框架及构建模式研究 [J]. 中国电机工程学报，2024，44（11）：4167-4181.

[11] 张保会，尹项根. 电力系统继电保护 [M]. 北京：中国电力出版社，2005.

[12] Aslam S，Herodotou H，Mohsin S M，et al. A survey on deep learning methods for power load and renewable energy forecasting in smart microgrids

[J]. Renewable and Sustainable Energy Reviews，2021，144：110992.

[13] Song Y，Liu T，Ye B，et al. Linking carbon market and electricity market for promoting the grid parity of photovoltaic electricity in China [J]. Energy，2020，211：118924.

[14] 唐西胜，李伟，沈晓东. 面向新型电力系统的储能规划方法研究进展及展望 [J]. 电力系统自动化，2024，48（09）：178－191.

[15] 王继业. 人工智能赋能源网荷储协同互动的应用及展望 [J]. 中国电机工程学报，2022，42（21）：7667－7682.

[16] Ma T，Li M J，Xu H，et al. Study on multi-time scale frequency hierarchical control method and dynamic response characteristics of the generation-grid-load-storage type integrated system under double-side randomization conditions [J]. Applied Energy，2024，367：123436.

[17] 刘瑞环，陈晨，刘菲，等. 极端自然灾害下考虑信息－物理耦合的电力系统弹性提升策略：技术分析与研究展望 [J]. 电机与控制学报，2022，26（01）：9－23.

[18] Jufri F H，Widiputra V，Jung J. State-of-the-art review on power grid resilience to extreme weather events：Definitions，frameworks，quantitative assessment methodologies，and enhancement strategies [J]. Applied energy，2019，239：1049－1065.

[19] 别朝红，林超凡，李更丰，等. 能源转型下弹性电力系统的发展与展望 [J]. 中国电机工程学报，2020，40（09）：2735－2745.

[20] 路朋，陈思捷，张宁，等. 计及区间预测信息的含风电电力系统有功多时间尺度协调调度优化方法 [J]. 中国电机工程学报，2024，44（16）：6263－6278.

[21] 朱琼锋，李家腾，乔骥，等. 人工智能技术在新能源功率预测的应用及展望 [J]. 中国电机工程学报，2023，43（08）：3027－3048.

[22] 李鹏，王瑞，冀浩然，等. 低碳化智能配电网规划研究与展望 [J]. 电力系统自动化，2021，45（24）：10－21.

[23] 李英量，孙楠，王德明，等. 含分布式储能系统的交直流配电网动态故障恢复策略 [J]. 电力系统保护与控制，2024，52（18）：179－187.

[24] 葛磊蛟，李元良，陈艳波，等. 智能配电网态势感知关键技术及实施效果

评价［J］. 高电压技术，2021，47（07）：2269－2280.

［25］吕佳炜，张沈习，程浩忠，等. 集成数据中心的综合能源系统能量流－数据流协同规划综述及展望［J］. 中国电机工程学报，2021，41（16）：5500－5521.

［26］王蓓蓓，胥鹏，赵盛楠，等. 基于"互联网+"的智慧能源综合服务业务延展与思考［J］. 电力系统自动化，2020，44（12）：1－12.

［27］Kennedy J，Ciufo P，Agalgaonkar A. A review of protection systems for distribution networks embedded with renewable generation［J］. Renewable and Sustainable Energy Reviews，2016，58：1308－1317.

［28］刘金朋，胡国松，彭锦淳，等. 多能互补的虚拟电厂低碳－经济－鲁棒优化调度［J］. 中国电机工程学报，2024，44（24）：9718－9731.

［29］Hou H，Ge X，Yan Y，et al. An integrated energy system "green-carbon" offset mechanism and optimization method with Stackelberg game［J］. Energy，2024，294：130617.

［30］王宣元，刘蓁. 虚拟电厂参与电网调控与市场运营的发展与实践［J］. 电力系统自动化，2022，46（18）：158－168.

［31］王进，张粒子，赵志芳，等. 抽水蓄能电站市场化运行机制和日前市场出清模型［J］. 电力系统自动化，2023，47（12）：145－153.